NF文庫
ノンフィクション

改訂版

陸自教範『野外令』が教える戦場の方程式

戦いには守るべき基本と原則がある

木元寛明

潮書房光人新社

改訂版のはしがき

このたび『陸自教範「野外令」が教える戦場の方程式』(二〇一一年発行)が装いを新たに重版されることになり、以下の二点を追加した。準拠は、「野外令」の改訂ではなく、米軍の基本教範『作戦(オペレーションズ)』および『統合作戦(ジョイント・オペレーションズ)』の進化に伴うものだ。

第一点は、「戦いの九原則」を「統合作戦の原則」と改称し、伝統的な「戦いの原則」に三点(抑制の原則・忍耐の原則・合法性の原則)を追加した。今日の作戦は統合作戦が常態となり、軍隊の役割は平和時における行動から戦争のレベルまで、また軍事行動の範囲も抑止から本格的な戦闘にまで拡大されたからだ。

第二点は、「作戦術を構成する要素」十項目を追加した。米陸軍は、従来、軍団レベルの運用を、大部隊の運用として戦術（タクティクス）の拡大解釈で行なってきたが、複雑多岐な現代戦の実相にかんがみ、作戦レベルとして作戦術（オペレーショナル・アート）を新たに採用したからだ。

以上二点は、筆者が現役時代に学んだ『野外令』の範囲を超えている。書名と若干のズレが生じるが。米軍の基本教範を参考にこれら二点を追加した。ちなみに、米軍の各種マニュアルは大半が情報公開の対象で、絶えずアップデートされ、最新の軍事理論を知るためには貴重な情報源となっている。

初版は「戦いの原則を古今東西の戦史（日本古戦史、ナポレオン戦史、西南の役、ノモンハン事件、駆逐艦「雪風」の戦い、朝鮮戦争、中東戦争）、研究演習（八甲田山雪中行軍）、危機管理（フォークランド紛争）などの観点から分析」したもので、今回の重版に際しては誤りと字句の訂正にとどめた。

令和五年九月

著者

はしがき（初版）

職業軍人という言葉は、昭和二十（一九四五）年八月の敗戦を機に死語となり、以来茫々六十六年の歳月が流れた。今日、かつての職業軍人は特別職国家公務員の自衛官と呼ばれ、軍隊ではない自衛隊という組織に奉職している。

筆者は昭和三十八（一九六三）年に防衛大学校に入校し、卒業後は陸上自衛隊で勤務し、平成十二（二〇〇〇）年に退官した。この間、一貫して学んだことは戦略、戦術、戦史、指揮、統率、管理など軍事組織の運用であった。戦前の職業軍人とは異なり、自衛官は一度も戦争を体験することなく、今日まで平和裏にその職業的使命を全うしている。

陸上自衛隊を退官後民間企業で八年間、社員の研修を担当するポストに配置され、新任幹部社員に対してマネジメントを講義する機会を与えられた。教えることは学ぶことであり、あらためて「管理」「経営」「経営管理」「マネジメント」などの関係図書を大急ぎで読み漁って再学習した。

これらの参考書や教科書を読みながら気付いたことは、そこに書かれている中身は、自分が自衛官として学んだ戦略、戦術、戦史、指揮、統率、管理などと同じものであるということであった。

学問あるいは理論としてのマネジメントが確立されたのは二十世紀初頭である。当時の巨大組織は軍隊とカトリック教会で、とくに軍隊運用の理論がマネジメント理論にとりいれられたのは必然であった。

二十世紀のはじめ、フランス人アンリ・ファヨールが『経営管理』と銘打った経営理論を提唱し、アメリカ人フレデリック・テーラーが『科学的管理法』を生み出した。前者はマネジメントの本質に関する理論を、後者は問題解決という実務面を探求した理論である。この両理論が今日のマネジメント理論の嚆矢《こうし》となった。

軍事と経営の学際的研究の成果である『失敗の本質』（中公文庫）が昭和五十九年に刊行され、多くの読者の共感を得てベストセラーとなり、今日すでに組織論の古典として声価が高い。出版と同時に購読したが、内容に物足らなさを感じた。恥ずかしながら、退官後再読してようやくその内容の素晴らしさに気付いた次第。現役時代は軍事的な思考回路の一方通行で読んでいたが、退官後は軍事とマネジメントの両面から読めるようになり、『失敗の本質』の凄さが理解できるようになった。

民間企業でマネジメントを講義しているころ、『ドラッカー先生の授業』（ウィリアム・A・コーン著、有賀裕子訳、ランダムハウス講談社）という一冊の本と出合った。著者のコーンは次のように言っている。ドラッカーは米軍の諸制度を高く評価していた。企業が誕生する以前の、危険や不確実に満ちた数千年の歴史のなかで、軍隊には数々の英知がつむがれており、その多くは軍隊以外の組織にも役立つはずである（とドラッカーは信じていた）と。

この文を読んで、P・F・ドラッカーのいう英知とは「戦いの原則」にちがいないと確信し、かつて陸上自衛隊の基準教範『野外令』で学んだ、戦いの原則をあらためて思い起こした。教範に書かれている戦いの原則は、簡潔かつ平明に表現されているが、その背後に埋まっている数々の英知を掘り出してみたい、と考えた次第。

本書はこのような背景から生まれた。

戦いの原則は有史以来の膨大な戦例から帰納的に導き出されたものである。本書では敢えて逆の思考過程をとり、戦いの原則を古今東西の戦史（日本古戦史、ナポレオン戦史、西南の役、ノモンハン事件、駆逐艦「雪風」の戦い、朝鮮戦争、中東戦争)、研究演習(八甲田山雪中行軍)、危機管理(フォークランド紛争)などの観点から分析した。

ノモンハン事件は、第一線兵士の驚異的な戦いぶりには深甚の敬意を表するが、上級司令部とくに一部参謀の無責任な戦争指導は目を覆うばかりで、反「戦いの原則」という視点で論じた。近年、ノモンハン事件は日本側が勝ったという主張が目を引く。ソ蒙側に与えた損害の方が大きいというのが理由である。侵犯された国境線を回復するという戦争目的を考えれば、いずれが勝ったかは論ずるまでもない。

二十一世もすでに十年を経過し、地球環境の悪化、政情不安など国際社会はますます混迷の度合いを深めている。わが国でも二〇一一年三月十一日に東日本大震災が発生し、地震、津波、原発事故、電力不足という未曽有の災害に見舞われた。千年に一度の天変地異は、便利さを追求した現代社会のもろさを直撃した。

ピンチも視点を変えればチャンスに見える。

ピンチをしのぎきっても原状へ回帰するだけにすぎない。チャンスを生かす知恵と胆力がなければ勝利への希望は見えてこない。

二千六百年の記録された人類の戦いの歴史からつむがれた「戦いの原則」は、おびただしい犠牲を払って先人が私たちに遺してくれた貴重な遺産であり、汲めど尽きないヒントに満ちている。乱世ともいうべき混迷の時代を乗り切る知恵袋として活用していただきたい。

平成二十三年六月

著者

陸自教範『野外令』が教える戦場の方程式——目次

陸自教範『野外令』が教える戦場の方程式

戦いには守るべき基本と原則がある

統合作戦の原則

二十世紀末に冷戦が終わり、ソ連邦が消滅し、国際安全保障環境が激変し、湾岸戦争以降、非正規戦（イレギュラー・ウォーフィア）が頻発するようになった。このような軍事情勢の変化を背景に、米軍は、およそ一世紀ぶりに、「戦いの原則（九原則）」に三原則を追加して、「統合作戦の原則（Principle of Joint Operations）」を採用した（二〇一七年版統合教範『Joint Operations』）。

軍事作戦は陸・海・空・海兵隊の統合作戦が常態となり、軍隊の行動は正規戦から非正規戦（革命、反乱、武装蜂起、騒乱、大規模暴動、犯罪、テロリズムなど）への対応や人道支援などに拡大され、九原則では捉えきれない環境となった。追加された三原則（抑制、忍耐、合法性）は未成熟の段階と言えるが、今後どのように定着するか注目したい。

伝統的な「戦いの九原則」は主として戦闘を対象とし、追加三原則は、どちらかといえば戦闘行動以外の各種行動を主対象とする。統合作戦では、軍事行動は九原則に準拠し、それ以外の行動は追加三原則を主として考慮する。

追加三原則採用の重要な因子は、二十世紀末の湾岸戦争——イラク軍のクウェート侵攻（一九九〇年八月）から「砂漠の嵐作戦」の勝利（一九九一年二月）まで——以降、軍隊の役割と軍事行動の範囲が大幅に拡大されたことだ。

【戦いの原則】
目的の原則（the Objective）
主動の原則（Offensive）
集中の原則（Mass）
経済の原則（Economy of Force）
統一の原則（Unity of Command）
機動の原則（Maneuver）
奇襲の原則（Surprise）

簡明の原則（Simplicity）
警戒の原則（Security）
【追加原則】
抑制の原則（Restraint）
忍耐の原則（Perseverance）
合法性の原則（Legitimacy）

用語は陸上自衛隊が使用しているものを準用した。英語表記は米軍の統合マニュアル（JP3-0『Joint Operations』）を参考とした。これら十二個の原則の順番は、優先順位を表したものではない。またその内容も相互に矛盾する原則もある。

——基本と原則に反するものは、例外なく時を経ず破綻する。（現代マネジメントの父P・F・ドラッカー）

目的の原則（the Objective）
目的の原則と簡潔に表現しているが、目的・目標の確立のことであり、常に根本となる原則である。

決定的な意義をもち、かつ達成可能であるという条件を充たすものを目的・目標として設定する。確立した目的・目標に対しては、最大限の努力を結集し、あらゆる妨害を排除して、強烈な意志をもってあくまでこれの達成を追求する。

目的は、期待すべき所望の効果であり、目標は、目的を達成するための具体的な手段、方法などである。目的（何のために）と目標（何をするか）の関係は、上下の関係でもあり、全体と部分の関係でもある。戦いの結果には、勝ち・負け・引き分けがあるが、負け戦には例外なく「目的・目標のあいまいさ」が感得される。

ガダルカナル島作戦は、昭和十七年八月米第一海兵師団のガダルカナル島上陸から、翌十八年二月の日本軍の撤退までの作戦で、日米両軍の作戦目的・目標に対する考え方の差が、作戦の帰趨に決定的な影響を与えた。

米軍は、日本の本土を占拠するという最終目標（長期ビジョン）を確立し、ガダルカナル島作戦を「対日反攻の第一歩」と位置づけ（目的）、ガ島を「必ず確保」するという具体的な目標を立てて、上陸作戦を敢行した。米軍は、この作戦を成功させるために、水陸両用作戦という画期的な新戦法を創出し、陸海空の戦力を統合して、南太平洋ソロモン諸島のガダルカナル島に上陸した。

はっきり言って、日本軍には作戦目的も、これを達成するための具体的な目標もなかった。米軍の上陸に反応して、その時々の思いつきで、陸海空がバラバラに行動し、結果として兵員、航空機、艦船を大量に失って敗れた。

第一に、米軍の本格的反抗は昭和十八年以降という、希望的観測の固定観念にとらわれ、米軍のガ島上陸の企図を甘く見た。第二に、陸軍は、連隊、旅団、師団、二個師団を逐次に投入し、戦術原則を無視した作戦に終始した。第三に、ガ島は、陸海軍ともに、攻勢終末点を超えた作戦であり、特に陸軍はガ島に上陸した奪回部隊への弾薬・糧食の補給が続かず、多数の餓死者をだした。

象徴的なエピソードを一つ紹介する。当時日本海軍のゼロ戦は無敵を誇ったが、ラバウルの前線基地からガ島まで一千百キロの距離があった。ゼロ戦はおよそ四時間かけてガ島まで飛び、滞空時間はわずか十五分間で、ふたたび四時間かけて基地にもどった。米軍はガ島に飛行場を確保し、ゼロ戦飛来時には空中退避して戦闘による損耗を回避した。

主動の原則（Offensive）

主動の原則は、態度の原則である。旺盛な企図心をもって、自主積極的に行動し、わが意志を敵に強要し、敵を受動の立場にみちびき、戦勢を支配しようとするものである。

——我はかくする。よって敵をしてかくせしむる。（プロシア軍参謀総長モルトケ将軍）

主動は、作戦目的の達成、ひいては戦勝の獲得のためきわめて重要である。Offensive と英語で表記するように、防勢より攻勢が望ましいが、過度の攻勢主義は、戦法の定型化・硬直化をもたらすという弊害がある。

主動の地位の確保のためには、先制権の獲得と戦勢を支配する要点の先取が必須だ。このためには、相手に先んじて自主的にわが意志を決定し、速やかに方針を決定しなければならない。同時に、必要な情報を入手し、準備を周到にして、要点に対して優勢な戦闘力を集中発揮することが重要である。

奇襲の原則（Surprise）

奇襲とは、敵の予期しない時期、場所、方法等によって、敵に対応のいとまを与えないように打撃を加えることである。

奇襲において最も重要なことは、「対応のいとまを与えない」ことだ。このためには、意表をつくことで得た成果を速やかに拡大し、目標を達成しなければならない。これでもかとたたみかけるスピードが決め手となる。

古来、戦史は奇襲の例に満ちている。

時期的奇襲

夜討ち、朝駆け

週末の開戦（真珠湾攻撃）

場所的奇襲

鵯《ひよどり》越えの逆落とし（源義経）

アルプス越え（ハンニバル、ナポレオン）

気象的奇襲

ロシアの冬将軍（ナポレオン、ナチス・ドイツ軍）

キスカ島撤退作戦（海霧の利用、第五艦隊／第一水雷戦隊）

戦法的奇襲

長篠の合戦（織田信長―鉄砲の三段構え射撃で武田騎馬隊を撃破）

電撃戦（ドイツ軍―戦車と急降下爆撃機の組み合わせ）
ヘリコプターによる空中機動（米軍―ベトナム戦争におけるヘリボーン作戦）
暗視装置による夜間攻撃（米軍―湾岸戦争、英軍―フォークランド紛争）
技術的奇襲
戦車の出現（第一次世界大戦）
原子爆弾の投下（第二次世界大戦）
空間的奇襲
宇宙の利用（スペース・ウォー、ミサイル防衛）
人工衛星による情報収集、警戒・監視
第五の戦場におけるサイバー戦争

湾岸戦争（一九九〇～九一年）は、イラク軍のクウェート侵攻に対抗して、多国籍軍五十万がイラク軍を攻撃してクウェートの領土を回復した戦争である。米軍の主力戦車M1エイブラムズに搭載されていたサーマル式暗視装置は、三千～四千メートルの長射程でイラク軍のT72戦車をアウトレンジした。ソ連製T72戦車の暗視能力は千メートル以下で、夜間戦闘はM1戦車の一方的な勝利であった。

集中の原則（Mass）

集中の原則は、古来、列国が兵術の基本原則として重視した。

——戦捷の要は、有形無形の各種戦闘要素を綜合して敵に優る威力を要点に集中発揮せしむるに在り。（作戦要務令綱領第二条）

有形戦闘力とは、戦車や火砲の性能・威力・数量など計算できる戦力であり、無形戦闘力とは部隊の規律、士気、団結あるいは訓練の精到といった目に見えない戦闘力をあらわす。

優勝劣敗とは、文字通り優れているものが勝ち、劣っているものが敗れる、というきわめて平凡ではあるが、冷厳な戦理である。古来、桶狭間の戦いのように、寡兵をもって衆敵を破った戦例は枚挙にいとまない。しかしながらこれらの戦例を詳細に分析すると、決勝点における両軍の相対戦闘力は、常に勝者が敗者を上回っていたことがわかる。

桶狭間の場合、休息中の今川義元の本陣を、織田信長の主力が全力で急襲し、相対戦闘力は織田軍が圧倒的に優っていた。要は、寡兵であっても決勝点において優勝劣敗の状態をいかにして作り出すかということにつきる。

三対五で対戦した場合、まともに戦えば五の方が圧勝する。三の側が戦力を集中して、五の一部を集中攻撃すれば部分的に勝てる。次いで他の一部に対して同様の集中攻撃をする。これを反復することにより、三の側に勝利の女神がほほえむ。

このような戦い方は、戦術用語では各個撃破と呼ぶ。戦場でこのような状態を作為する方策が戦術であり、まさに芸術である。戦場で敵に勝つために、指揮官の力量――状況判断と戦術能力がきびしく問われる所以《ゆえん》である。

ガダルカナル島作戦に見られるように、兵力の逐次使用は、集中の原則の対極にありもっとも戒められている。日本人の通弊として、眼前の状況への小手先、小出しのその場しのぎの対応が多くみられ、集中の原則にもとり、必ず敗者となる運命を暗示している。

経済の原則（Economy of Force）

有限の戦力（資源）をどこかに集中すると、他の方面に使用する戦力を制限しなければならない。これが経済の原則である。米軍は「兵力の節用」といっている。「すべてを守るものは、すべてを失う」という孫子の箴言《しんげん》がある。受動・守勢にまわったときに、陥りやすい弊である。

一般に、戦力が敵よりいちじるしく少ない場合、防御という戦術行動を選択するが、すべてを守ろうとしてあらゆるところに部隊を配置すると、局地ごとの相対戦闘力の差は大きくなり、結果的にはあらゆるところで負ける。もっとも大事な要点に部隊を重点配備して、その他は思い切って捨てることが肝要だ。この非情さがなければ、防御戦闘は戦えない。指揮官は捨てるという決断ができなければならない。

防御が破綻して、敵と接触を断って撤退する場合がある。混乱錯綜する場面での困難な行動となるが、主力部隊を生き延びさせるために、一部の部隊を抽出して戦場に残すことがある。この部隊は「残置部隊」と呼ばれる。残置部隊には信頼できる最精鋭指揮官を指命するという、きびしい戦場の掟がある。戦史には、このような部隊の哀しくも美しい話が、多く語り継がれている。

機動の原則（Maneuver）

機動とは、作戦または戦闘において、敵に対して有利な地位を占めるために、部隊が移動することをいう。

戦闘は、一面から見れば、決勝点に対する彼我《ひが》戦闘力の集中競争である。この際、火力を伴わない機動は画餅《がへい》に帰すという冷厳な事実がある。
所望の次期と場所に敵に優る戦闘力を集中するためには、迅速な機動力の発揮が必須の要件だ。現代戦においては、ヘリコプターを含む空中機動力を大胆に活用し、戦場の随時随所へ圧倒的な戦闘力を集中することが重要だ。

統一の原則(Unity of Command)

戦いに勝つためには、全部隊の努力を統合して、共通の目的に指向することが不可欠である。現実に必要なことは、全隊が阿吽《あうん》の呼吸で有機的に結合された協同動作を行うことであり、このためには緊密な調整が大きな意義を持ち、積極的な協力精神がその根底をなす。
一人の指揮官に必要な権限——指揮および統制の機能——を与える場合、統一はもっとも容易となる。

簡明の原則(Simplicity)

簡明の原則とは、「戦場は錯誤の連続が常態であり、錯誤の少ないほうが勝ちを制する」という、古来、言いならされた戦いの本性への深い洞察から発している。

宇宙空間やサイバー空間などへ領域的に拡大し、機能的に分化して、複雑の度を急速に加えつつある現代戦の性向にかんがみ、百時簡単かつ明瞭を旨とすべき意である。このためには、明確な目標を確立し、手順、手続き等の標準化・斉一化を図り、部隊行動を練成しておくことが不可欠だ。

Simple is the best. といわれる。余計なものを一切合財削ぎ落とすと、洗練された、機能的に精神的に研ぎ澄まされた、シンプルで強靭で美しい行動・組織・形となる。形でいえば日本刀などはその究極の姿であろう。

警戒の原則（Security）

警戒の原則とは、敵を撃つために、まず、部隊の安全を確保しようとする、部隊行動の条件的な原則である。部隊が、敵に奇襲されることなく行動の自由を保持しながら、「敵の戦意を破砕する」という本来そうであるべき目的に専念するために、重視すべき原則である。

情報の保全に失敗して敗れた戦例は多い。日本海軍は、太平洋戦争開戦劈頭《へきとう》の真珠湾攻撃時には情報の秘匿を徹底したが、ミッドウェー作戦では保全が甘く、かつ暗号書が解読されており、惨敗を喫した。

ミッドウェー作戦の直前、呉軍港の散髪屋の親父《おやじ》までが「次はミッドウェーですね」と話していたという、笑えないエピソードがある。緒戦の勝利におごって、軍規が弛緩《ちかん》しきっていたと断ぜざるを得ない。まさに油断大敵だ。

孫子の兵法に〝知彼知己者、百戦不殆（敵を知り己を知れば、百戦危うからず）〟とあるように、戦場で奇襲されることを防ぐためには、敵を知ることが第一である。敵は戦場で相まみえる有形・無形の戦力のみならず、森羅万象ことごとくが対象である。同時に、自らの意図を徹底して保全しなければならない。奇襲されて「想定外だった」と抗弁するのは、能力のなさを糊塗する言い訳だ。

抑制の原則（Restraint）

部隊や兵士の軽率な行為が重大な軍事的／政治的結果をもたらすことがある。それゆえに、軍隊の使用には特別な配慮が求められる。このためには、①軍隊の安全の確保、②軍事行動の実行、③国家目標、これら三者の慎重で節度あるバランスが不可欠だ。不必要に過剰な部隊の使用は、友好的かつ中立的な協力者を敵側に追いやり、自らの正当性を損ない、敵性勢力の正当性を助長する。

指揮官が、細部まで徹底して詰められた交戦規定（ＲＯＥ：ルール・オブ・エンゲージメント）を特定の作戦環境に適用することによって、適切な「抑制」が容易になる。ROEは、望ましい「作戦終了時の状況と条件」（※作戦術を構成する要因の一つ）に合致したものでなければならない。ROEは国家政策を準拠とし、いかなる場合でも正当防衛と表裏一体であることは当然だ。

忍耐の原則（Perseverance）

軍事行動は、国家目標達成への貢献が至上命題だ。このためには、シビリアン・コントロールが大前提となる。軍事行動の継続期間と規模の決定は、公選された役職者（大統領・首相）と軍事専門家（統合幕僚会議議長・統合幕僚長）の判断として表明される「国民の意志」だ。

軍隊の指揮官は、国家目標（望ましい戦略的な終結状況）の達成を確実に追求するために、周到に計画した長期的な軍事作戦——平和時の任務から戦争に至るまでの幅広い計画——を準備する必要がある。状況により、戦略的出口に至るには、数年間の統合作戦が必要となる。危機の根本原因の解決は一筋縄では行かなく、出口へ至る条件を確立することが困難になる場合もある。

困難な状況の克服には、忍耐心をもって、断固として、また粘り強く、国家目的／

目標を追求しなければならない。この意志には、外交的手段、経済的手段、ならびに情報的手段を講じて軍事的努力を補足することが含まれる。

長期間の任務を達成するためには、軍隊自体の耐久力と指揮官の忍耐が試される。断固とした攻勢作戦は、短期間での迅速な成功をもたらすが、長期間の安定作戦（スタビリティ・オペレーションズ）は防勢任務と攻勢任務とを同時に遂行して、ようやく最終目標に到達することもあり得える。

湾岸戦争と言えば、「砂漠の嵐」の圧倒的な短期決戦が注目されるが、湾岸戦争全体はおよそ二年間に及ぶ戦役だ。多国籍軍（主体は米軍）の目標、望ましい作戦の終わり方は、イラク軍をクウェート領域から追い出すことだった。この目標は一〇〇時間地上戦の勝利が決定した二月二十七日に達成されたが、戦役は撤退作戦（砂漠の送別作戦）の終了まで持続した。

合法性の原則（Legitimacy）

本原則は、作戦間における遵法精神と道義の維持を強調するものだ。軍隊使用の合法性に不可欠の要素は次の三点だ。

①作戦または戦役は、国家の法律のもとで実施されなければならない。
②作戦は、国家が承認した国際法・条約、とくに戦争法規にのっとって実施されなければならない。
③戦役または作戦は、国家および国際社会の両者によって、ホスト・ネーション政府の権威と受容を発揚し強化するものでなければならない。

合法性は、国家が軍隊に与える任務を、国民が支持するという意志に基づく。すなわち国民世論の支持が不可欠ということだ。国益または人道的な利害が危機に瀕していることが明白な場合、合法性への国民一般の受容は一層強化される。ただし、国民一般の受容・認識は、自国軍兵士の生命が不必要にまたは不注意で危険にさらされないという確信が前提となる。

軍隊の行動の合法性は、国際社会が同意した目標の達成へのこだわり、および様々なグループからの要求に対する公正さが前提となる。合法性の強化には、部隊の使用を制限し、状況に応じたタイプの部隊を再編成し、市民を防護し、さらに関係部隊の規律ある行動の確立が必要だ。

戦時国際法の重大な違反のことを「戦争犯罪」という。軍人による交戦規程（RO

E）違反の捕虜虐待、毒ガス（生物・化学兵器）や対人地雷など国際法上の禁止兵器の使用などがこれに相当し、「平和に対する罪」「人道に対する罪」も同様だ。ベトナム戦争や現在進行中のウクライナ戦争でも、「戦争犯罪」、「平和に対する罪」、「人道に対する罪」が頻発している。旧日本軍も例外ではなかった。残虐行為とは、非戦闘員――戦うことを放棄・降伏した兵士、民間人など――を殺すことをいう。現代戦とくにＬＩＣ（低烈度紛争）における対ゲリラ戦、対テロ戦などでは、戦闘員と民間人を区別することが困難という現実がある。

戦地の軍隊がすべて残虐行為を行うわけではなく、数少ない例外もある。北進事変（一九〇〇年）の日本軍は健全性を保持して軍紀厳正だった。義和団の騒乱、外国使節の北京籠城五十五日間、八カ国連合軍の北京城突入後の略奪・暴行（破壊、放火、残虐行為、強姦、殺人）など、清朝末期の混乱期における狂気の中のことだ。

当時の日本は、幕末期に締結された不平等条約の改定が国是で、これを実現するために、日本が文明国であることを示す必要があった。これを具体的に示す例として、国家は軍隊に厳正な規律の維持を求めた。北京城突入後の日本軍は軍紀厳正で現地人および外国人からも称賛された。これは誇ってもよい事実だ。

作戦術を構成する要素

十八世紀末から十九世紀初頭にかけて、ナポレオンが戦闘の上位概念となる作戦（オペレーション）を発見して軍事思想を一変させた。彼は師団および複数師団から成る軍団を創設、欧州全域に戦域を拡大して「戦争＝戦術」の時代に終止符を打った。作戦術（オペレーショナル・アート）は、欧州では十九世紀の早い時期から軍事理論の一部となっていた。にもかかわらず、米陸軍が戦術の上位概念となる作戦術を正式に採用したのは、二十世紀後半、中部欧州でソ連軍と対峙していた冷戦最盛期だった。

米陸軍は、従来、軍団を大部隊の運用という戦術レベルの拡大解釈で行なってきた。米陸軍が従来の方式では複雑多岐な作戦環境に対応できないと痛感したのは、軍事バランスが東側に傾き、西部欧州がソ連軍に蹂躙《じゅうりん》されるとの危機感を抱いたからだ。この危機感が米陸軍に作戦レベルを採用させる引き金となった。

米陸軍は一九八二年版『オペレーションズ』で、戦争のレベルを戦略レベル、作戦レベル、戦術レベルの三段階に区分した。

①**戦略レベル**……国家指導者が外交、情報、軍事、経済などの国家資源を運用して国家目標を達成する段階。

②**作戦レベル**……軍事力の戦術的運用と国家目標・軍事目標とをリンクさせる段階、つまり戦役（キャンペーン）を計画・実施する段階だ。このレベルでは、統合部隊指揮官（軍団長を含む）が作戦術を用いて、どのようにして軍事目標を達成するかを決断する。

③**戦術レベル**……旅団戦闘チームなどの各戦術部隊が付与された目標を達成するために、戦術のアートとサイエンスを用いて計画し、準備し、実行する段階。

米陸軍は、八二年版『オペレーションズ』で、作戦術と同義語といえるエアランド・バトル・ドクトリン——湾岸戦争における「砂漠の嵐作戦」の一〇〇時間地上戦勝利の理論的背景となった——を正式に採用した。

今日の米陸軍は、十項目の「作戦術を構成する要素」を定め、これら一式の知的ツールを活用して、作戦環境の理解、作戦の構想、および作戦の終わり方、すなわち作戦の大枠を具体的に決定している。

【作戦術を構成する要素】

作戦終了の状況と条件（End State and Conditions）
作戦の重心（Center of Gravity）
死命を制する要点（Decisive Points）
作戦線と努力線（Lines of Operations and Lines of Effort）
作戦のテンポ（Tempo）
作戦段階と作戦の転移（Phasing and Transitions）
戦力転換点（Culmination）
作戦範囲／攻勢終末点（Operational Reach）
根拠地の設定（Basing）
あえてリスクをとる（Risk）

米陸軍は、一九七三年のベトナムからの完全撤退後、「ベトナム戦争になぜ負けたのか?」という研究を徹底して行なった。この一環として、米陸軍戦略大学で、古典の『孫子』とクラウゼヴィッツの『戦争論』を取り上げ、その成果が作戦術を構成する要素に反映されている。十項目のうち、「重心」・「死命を制する要点」・「攻勢終末点」・「戦力転換点」・「あえてリスクをとる」の五項目は『戦争論』が原典だ。

以下、「作戦術を構成する要素」十項目を、米陸軍ドクトリン参考書(ADRP3-0『Operations』二〇一九年版)を準拠として、概説する。筆者は、部内専用で一般公開されていない陸上自衛隊の『野外令』が作戦術をどのように扱っているか、未見で承知していない。

作戦終了の状況と条件(End State and Conditions)

作戦終了の状況は、その時点で指揮官が思い描いていた一連の望ましい条件が成立していることだ。指揮官は計画策定の指針として作戦終了の状況を明瞭に示す。作戦終了の状況を明らかにすることで努力の統一、統合の強化、同時性、節度ある独断を促進し、また各種リスクを軽減できる。

陸軍の作戦は、ひとつの特徴として、非軍事的条件の確立へと通底する軍事的終了状況の達成に焦点を当てる。各級指揮官はすべての作戦で「作戦終了の状況と条件」を明瞭に記述する。作戦終了の状況と条件が不明瞭であれば、指揮下部隊に付与する任務が曖昧《あいまい》となり、作戦自体の焦点がぼやける。

明確に定義され、疑義のない、かつ達成可能な作戦終了の状況を作戦目標として設定し、この目標に向けてあらゆる行動を指向させる指揮官が作戦を成功させるのだ。作戦終了の状況（end state）は、状況判断プロセスの任務分析の結論（5W）であり、作戦目標である。また本要素は「目標の原則」の具現化でもある。

作戦の重心（Center of Gravity）

重心は軍隊の物心両面の戦力、行動の自由、行動を起こす意志の動力源である。軍隊が重心を失うと敗北という決定的な結果が待っている。重心の考察は作戦計画を策定するために死活的に重要であり、これによって敵の強さの源泉と弱点が何であるかに焦点が当たり、かつそれを特定できる。

指揮官は、作戦環境を完全に理解し、敵がいかに編成し、戦闘し、意思決定するかを理解することによって敵の重心を特定でき、そしてこの重心に目標を指向することができる。こうすることにより、計画策定者は重心、関連する「死命を制する要点」、および望ましい「作戦終了の状況」への最適な道筋を描くことができる。

湾岸戦争の「砂漠の嵐作戦」で、中央軍（多国籍軍）最高司令官シュワルツコフ大将は、イラク軍の重心を共和国親衛隊と正確に評価し、共和国親衛隊が実質的な脅威でなくなった時点で多国籍軍の勝利が確定した。（米陸軍公刊戦史『確かな勝利』）

死命を制する要点（Decisive Points）

死命を制する要点は作戦の重心と同一ではなく、敵が重心を防護するために相当数の資源を投入せざるを得ない、地理的な場所（港湾／空港施設、流通網と分岐点、作戦根拠地など）、および敵部隊の特異な事象・因子・機能（作戦予備部隊を投入することや重要な石油精製施設の再開など）をいう。

死命を制する要点に共通する特性は、重心に対して大きな影響力があることだ。本要点は、重心を攻撃するかまたは防護するための要《かなめ》であり、重心と一体化したシステムの部分を構成している。

死命を制する要点は作戦および戦術レベルの両者に適用できる。われがこれを制すると、主導性を確保・維持・拡張して任務の達成が容易になる。逆に敵がこれを支配すると、わが方の攻撃衝力が頓挫《とんざ》し、早期に戦力転換点に達し、敵の反撃を許すことにつながる。

イラク軍の重心となる部隊（共和国親衛隊）に対する攻撃を担当した第七軍団長は、同部隊を防護する「死命を制する要点」をイラク軍予備部隊と見定めて、地上攻撃開始前に航空攻撃で撃破すべく計画した。予備部隊が健在であれば、攻撃中の第七軍団が共和国親衛隊を包囲する以前に軍団の側面を打撃される可能性がある。

第七軍団長は航空戦力を集中してイラク軍予備旅団を徹底して撃破した。「砂漠の嵐作戦」一〇〇時間地上戦の勝利は、戦闘開始以前にイラク軍予備旅団を撃破して共和国親衛隊を丸裸にしたことが最大の勝因だった。（米陸軍公刊戦史『確かな勝利』）

作戦線と努力線（Lines of Operations and Lines of Effort）

作戦線は、敵との関連で時間と空間における部隊の動線であり、部隊と作戦根拠地、部隊と目標とを連結するラインだ。作戦線は地理的な目標すなわち部隊が向かう目標を統制できる一連の「死命を制する要点」を連結する。作戦線には内線（インナー・ライン）と外線（アウターライン）がある。

努力線は目的論からアプローチする複数の任務との関連性が強く、地理的な関係というよりは、むしろ作戦終了の望ましい状況・条件を確立することがねらいだ。

指揮官は、安定／民生支援任務の遂行に際して、努力線を多用する。努力線は、地理的な位置と敵／適性勢力がほとんど連動しないか、または一致しない場合に、長期計画を策定するために特に重要だ。

作戦線と努力線の結合により、長期計画の中での安定／民生支援任務を包含できる。この結合によって、作戦の転移に向けて、獲得した成果を確固たるものとし、作戦終了の条件を設定することができる。

作戦のテンポ（Tempo）

本要素は、主動権を奪い、維持し、そして拡大せよ、という「主動の原則」を作戦レベルで具体化したものである。

作戦のテンポとは、作戦間の一貫した敵部隊との相対スピードとリズムのことを言う。テンポは軍事行動の進捗に直接影響する。テンポをコントロールすることにより、戦闘間において主導権（イニシアティブ）を保持し、あるいは人的危機に際しても速やかに平常心を取り戻すことができる。

指揮官は、通常、戦闘間は敵に勝るハイ・テンポの維持に努める。敏速なテンポは敵の反撃能力を封止し、また作戦以外の行動に際しても、素早く動くことによって、事象をコントロールでき、情勢が敵側に有利に傾くことを拒否できる。

作戦間のテンポのコントロールは以下の3点に留意する。①作戦を同時／継続的に実施できるよう、相互に補完／増援が可能な計画を策定する。②不用な戦闘を避ける。このために、敵の抵抗（レジスタンス）をやり過ごし、不急ではない場所を避ける。③ミッション・コマンドにより、指揮下部隊の独断と独立的な行動を助長する。（※ミッション・コマンドは任務の付与による自主積極的な行動を促す指揮法）

状況に応じたスピードと衝撃力を維持して作戦の持続性を増大させるため、作戦間は、テンポに緩急をつけて変化させ、スピードよりテンポを優先させる。指揮官は、スピードが発揮できそうな場面でも、作戦の持続性と作戦範囲の効果を優先して、スピードを変化させる。

作戦段階と作戦の転移（Phasing and Transitions）

作戦段階は作戦を期間または行動で区分するための、計画策定および作戦実行上の手法である。段階が変化することは、一般的に、任務、部隊区分（配属関係を律すること）、または交戦規定（ＲＯＥ）が変わることを意味する。

作戦段階を区分することによって、計画策定および統制の実施が容易になる。作戦段階の区分は時間、距離、地形、あるいは事象で明示する。同時性、縦深性、テンポの三点は、あらゆる作戦に欠くことができない。とはいえ、部隊はいつでもこれらを達成できるわけではなく、このような場合には、同時に対応できる目標と死命を制する要点の数を制限する必要がある。

作戦の転移は、作戦段階が次の段階に移る間に、あるいは作戦と支作戦の実施間に、焦点を変更させることである。攻撃、防御、安定、および民生支援任務の優先順位の変更も作戦の転移の範疇《はんちゅう》だ。部隊は、作戦転移間においては、交戦規定が異なることを理解してそれに従う必要がある。

作戦の転移には実行前の周到な計画と準備が不可欠で、そうすることにより、部隊は攻撃衝力と作戦のテンポを維持することができる。作戦の転移間は部隊が脆弱《ぜいじゃく》な状態となり、その実行にあたっては明確な条件の確立が必須だ。

湾岸戦争は約二年間の戦役（キャンペーン）で、砂漠の盾作戦、砂漠の嵐作戦、砂漠の送別作戦の三段階で構成される。「砂漠の嵐作戦」は四段階から成り、最初の三段階は航空作戦が主体だ。第一段階で戦略目標を攻撃、第二段階でイラク軍の防空組織を機能不全にして制空権を確保。そして第三段階で戦場地区に焦点を移して地上の戦術目標を攻撃。最終的な第四段階が地上作戦による攻撃だ。

戦力転換点（Culmination）

戦闘力は攻撃、防御いずれの場合でも戦闘行動を続けていると戦力転換点に達し、兵員の損失、補給の不足、疲労困憊《こんぱい》、敵兵力の増援などが原因で各個撃破される危機に直面することがあり得る。

戦力転換点は部隊がこれ以上攻撃または防御できないという時点だ。戦力転換点は相対戦闘力の劇的な転換で、戦争の各レベルにおいて起きる。攻撃部隊が攻撃を続行できなく防御に転移するか作戦を中止する場合に、また防御部隊が敵の攻撃に耐えられなくなって撤退するか被撃破を余儀なくされる場合に、戦力転換点が起きる。

戦力転換点は計画上予測できる事象だ。計画策定時に作戦部隊のどの部分が戦力転換点に達するかを想定し、その場合でも任務を継続できるように、部隊区分に予備隊を含める。戦力転換点に達した以降も作戦を継続するために、増援部隊を投入するか、または戦術単位の部隊を再編成する。

安定任務に従事する場合、戦力転換点を見極めるのはより困難だ。部隊が過広に展開して自らの安全を確保できなくなった場合、および部隊が作戦の終了状況を達成するために不可欠な資源を欠く場合に、戦力転換点が起きる。民生支援を行う場合、もし部隊が同時に対応できる能力以上の大惨事に対処せざるを得ないときに、戦力転換点が起きることがある。

サイパン島失陥（一九四四年七月）が日米戦の戦略レベルの戦力転換点だった。サイパン島喪失により日本軍は制空／制海権を完全に失った。サイパン島が米軍の手に落ちると、日本本土が米戦略爆撃機B－29の爆撃圏内に入る。日本軍大本営もこのことは認識していたが、サイパン島防衛の準備はほとんど出来ておらず、また失陥後にサイパン島を奪回する能力もすでに失っていた。

最後の瞬間までどちらが戦力転換点を超えるか分からない場合がある。第四次中東戦争（一九七三年10月）でのゴラン高原の激戦およびシナイ半島の戦いは、最後の血みどろの瞬間までシリア軍、エジプト軍、およびイスラエル軍のどちらが戦術レベルの戦力転換点を超えるか分からなかった。

作戦の範囲／攻勢終末点（Operational Reach）

作戦範囲は動物をつなぎとめる鎖（tether）で、情報、防護、戦闘力維持、持続力、相対戦闘力がそれぞれの機能を発揮できる範囲のことだ。部隊の作戦範囲の限界がすなわち作戦レベルの戦力転換点ということになる。

作戦範囲は、戦闘部隊をいつでもどのような場所でも運用できる「持続力」、敵の抵抗に対して戦闘部隊を主導的にかつ速いテンポで反復打撃できる「衝撃力」、敵の行動や環境から戦闘部隊の安全が確保できる「防護力」の3つのバランスがとれる範囲のことだ。指揮官および幕僚は、戦闘部隊が戦力転換点に達する前に確実に任務を達成できるように、できるだけ遠方まで作戦範囲を伸ばす。

持続力は、根拠地からの距離と環境の厳しさにもかかわらず、部隊を編成し、防護し、維持できる能力から発生する。持続力には、戦況上の諸要求を先見洞察して、使用可能な資源を最も効果的・効率的に使用することが含まれる。

衝撃力は、主導権を発揮して、敵の抵抗を圧倒撃破するハイ・テンポの行動に由来する。指揮官は、攻撃、防御、安定、民生支援のいかなる組み合わせにおいても、先見洞察と迅速な作戦の転移により、衝撃力を維持する。

防護力は作戦範囲に不可欠の立役者だ。指揮官は、敵の行動と環境がどのように作戦を妨害するかを先見洞察して、作戦範囲を維持するために必要な防護能力を判断しなければならない。

指揮官および幕僚は、友軍と敵の現状、ならびに民事考慮事項を分析し、戦力転換点および獲得した成果を洞察して、必要な場合は作戦中止を計画する。

ガダルカナル島作戦、インパール作戦などに共通するのは、根拠地から第一線部隊への後方連絡線が確保できず、補給が途絶え、多数の餓死者を出したことだ。餓死者を出すような作戦は外道《げどう》のきわみだ。作戦範囲／攻勢終末点を超えた場所を戦場に選んだこと自体、作戦術という理念を欠いた日本軍の本質的な欠陥だった。

根拠地の設定（Basing）

海外に設定される根拠地は恒久的な基地／施設と非恒久的なベース・キャンプの2つのカテゴリーに区分される。作戦は根拠地を足場として開始し、また根拠地から支援を受ける。根拠地は、通常、長期間契約と地位協定に基づいて、ホスト・ネーション国内に設定される。二〇一一年七月、わが国がソマリア沖とアデン湾の海賊対処のために、ジブチ共和国に開設した根拠地はこの一例だ。ベース・キャンプには、展開部隊の軍事作戦を支援し維持するために必要な、サポートとサービスを実施する軍事施設を含む。

基地またはベース・キャンプを、特定の目的——中間根拠地、兵站根拠地、または臨時ベース・キャンプ——の拠点として使用することがあり、また基地やベース・キャンプに複数の機能を持たせることがある。中間根拠地などを開設することにより、部隊展開のための戦略的な拠点を確保し維持することができ、そして作戦を時間的に空間的に拡大できるだけの「作戦範囲／攻勢終末点」の確保が可能になる。

約三千人を基幹とする英第三海兵旅団は、一九八二年五月二十一日夜から東フォークランド島サン・カルロス付近への上陸を開始、二十五日頃までに約五千五百人の全力が上陸を完了。上陸地のサン・カルロスは事後の地上作戦の根拠地だ。

英軍は、最終目標の首府スタンリーへ向かってサン・カルロスから出撃し、これら部隊をサン・カルロスの補給基地から支援した。フォークランド諸島の気象条件のために、作戦のタイムリミットは六月中旬で、状況によっては冬営もあり得た。この場合、サン・カルロス根拠地は地上部隊の退避地になる。

あえてリスクをとる（Risk）

リスクとは危険状態へと至る損害の可能性であり重大性のことだ。あらゆる軍事行動にはリスク、状況の不明、チャンス（好機）がつきものだ。指揮官がリスクを許容するとき、自らの手で主導権をつかみ、保持し、拡張する機会が作為でき、結果として決定的な戦果を獲得することができる。

あえてリスクをとろうとする指揮官の意志は、しばしば、敵にとっては想定を超える（見積もりを超える）行動となり、敵の弱点をあぶり出すカギとなる。しかしながら、リスクを真に理解するためには、幕僚による正確な見積り、大胆さ、想像力に裏付けられた根拠ある仮説が不可欠だ。

不適切な計画や準備不足による実行、情報と準備の完全性を追求するあまりの実行の遅延、の両者は逆に部隊にリスクを負わせる。適切な評価と意図的なリスクの許容は作戦遂行の基本、ミッション・コマンドにとって重要だ。経験豊富な指揮官は、大胆不敵とリスクと不確実性に対する想像力のバランをとり、敵部隊の想定の範囲を超える時期的、場所的、手法で、敵を打撃する。

作戦を成功させるためには、リスクと摩擦（フリクション）と好機（チャンス）の不確実性のバランスをとることが重要だ。作戦計画／命令は、激烈で激動する環境（戦場）において、各級指揮官が主導性を発揮して好機をものにできるように、柔軟性のあるものでなければならない。

一九四四年六月六日に決行されたノルマンディーへの上陸を巡って、連合国遠征軍最高司令官アイゼンハワー大将と英仏海峡守備のB軍集団司令官ロンメル元帥との気象条件に関する判断の差異が、勝敗を分けた。

アイゼンハワーはDデイを決める会議で、「悪天候に切れ目が生じ、予期されなかった好天が三十六時間続く可能性がある」との気象参謀の報告を受けて、翌日の攻撃開始を決断した。一方のロンメルは、大荒れの英仏海峡の気象状況から連合国軍の上陸はないと判断、作戦部長を帯同してドイツ本国へ出張し、不覚にも自宅で連合軍の上陸を知った。

連合国側もドイツ側も同じような気象状況を把握していたが、連合国側は最高司令以下の首脳が一堂に会して気象予報の報告を受け、アイゼンハワーの「敢えてリスクをとる」決断で上陸を敢行して成功させた。

※本項は拙著『戦術の名著を読む』（祥伝社新書、二〇二二年）および拙著『戦術の本質【完全版】』（SBクリエイティブ、二〇二二年）の関連個所を主として引用した。

『野外令』とは何か

陸上自衛隊は、国土防衛作戦の中核を担う陸上戦力で、わが国の主権、領土、国民を直接守る使命をもっている。『野外令』は、国土防衛作戦に任ずる部隊運用の原理・原則を述べた、各種教範類の頂点に位置する。

陸自の基準教範は、昭和二十七年米陸軍のマニュアル『Operations』を翻訳した『作戦原則』からスタートし、三十二年に『野外令』を制定、四十三年に改訂し、以降おおむね十年ごとに内容を見直している。『Operations』はジョミニの『戦争概論』を源流とし、『野外令』は欧米流のジョミニ兵学の流れをくむといえよう。

旧陸軍の『作戦要務令』(昭和十三年制定)は、明治十八年から二十一年まで陸軍大学校でドイツ流兵学を教育した、プロイセン(ドイツ)陸軍メッケル参謀少佐を源流とする。陸自が独自の基準教範を制定・改訂する際、旧陸軍の体験と反省を踏まえて、『作戦要務令』の一部を取り入れた。この意味において、『野外令』はジョミニ流兵学とクラウゼヴィッツ流兵学の合体作といえる。

『野外令』は陸自の基準教範で、わが国土における防衛作戦に焦点を当てて記述している。その内容は、古今東西の戦史・戦例から機能的に導き出された戦理——戦いの本質、原理・原則——を先ず明らかにし、それを国土防衛作戦に具体的に敷衍《ふえん》して述べている。戦理は陸海空の戦い全般に共通する理念であり、『野外令』は戦いの本質、原理・原則を幅広く学ぶ基本教範となっている。

有能な医者になるためには、万巻の医学書により広範な知識を習得し、実際の患者に当たって医術を身につける必要がある。経営者も同じで、マネジメント理論と経営実務の両分野が不可欠である。部隊指揮官も全く同様で、知識としての戦略・戦術を学び、咀嚼《そしゃく》し、部隊指揮・統率の体験を積み重ねなければならない。『野外令』は医学書やマネジメント理論書に匹敵する戦略・戦術学の教科書である。

体験的に言えば、『野外令』を眼光紙背に徹するまで読んで理解し、戦史を学び、戦術想定を数多く（戦術百想定ともいう）こなし、指揮官経験を積み重ね、このスパイラルをくり返してはじめて戦術が常識のレベルに達する。筆者の現役当時、陸自幹部学校（旧陸軍大学校に相当、市谷に所在）に選抜制のCGS（二年間の指揮官・幕僚養成課程）があり、受験は青年幹部にとり人生中期の切所《せっしょ》で、受験勉強を通じて『野外令』と徹底して向き合った。

『野外令』を一般人も購入できるかと質問されるが、答えは否である。秘区分はないが、部内限定文書として市販されていない。『野外令』には部隊運用の原理・原則となる知識が記述されているが、いわゆるノウハウ書ではない。医学書を読むだけでは医者になれないのと同様、『野外令』を読んでも即戦術家になれるわけではない。

米陸軍の『オペレーションズ』の性格は、一九六八年版までは『野外令』と同様な戦術原則書で、攻撃・防御など戦術の一般原則を記述した。七六年版からドクトリン（教義）を明確に定め、戦術・作戦術の解説書という性格が強くなった。

教範にも〝不易流行〟がある。米陸軍は二〇〇一年版以降、戦術原則（不易の部分）の部分を独立させ（FM3-90『TACTICS』）、基本教範（FM3-0『OPERATIONS』）はドクトリン（流行の部分）を主体として記述するようになった。

米陸軍は八二年版『オペレーションズ』で「エアランド・バトル・ドクトリン」を正式に採用した。空中／地上戦場の規模と複雑さは、七六年版の戦術的焦点（範囲、レベル）をはるかに超えると認識し、戦争のレベルを、戦略レベル・戦術レベルの2

つから、戦略レベル・作戦レベル・戦術レベルの三つへと変更した。八二年版『オペレーションズ』で作戦術（Operational art）が初めて導入された。以前のマニュアルは師団長の視座（戦術レベル）で記述していたが、現代戦の実相にかんがみ、軍団長の視座（作戦術レベル）へと転換した。わが国では、憲法はじめ一旦決めたことは金科玉条となりがちで、『野外令』も例外ではない。米国式マネジメントには大胆な改革を躊躇《ちゅうちょ》しない決断力と柔軟性がある。旧陸軍の『作戦要務令』も陸自の『野外令』も、師団長の視座（戦術レベル）で記述されている。『野外令』も当然改訂される時機と思料するが、筆者は未見で確たることは言えない。

日本古戦史に見る「戦いの原則」

——戦国時代を生き残る条件——

領地を命をかけて守る〝一所懸命《いっしょけんめい》〟の時代は、戦いの目的は論ずるまでもなく自明だった。時代が進み戦いの規模が大きくなり、戦域が領地のみならず国外にまでおよぶようになると、「何のために戦うのか」という戦いの目的（大義名分）が明確でないと、真剣に戦えなくなってくる。

戦国時代の戦いは全体的にシンプルである。それ故に、戦いの原則がストレートに勝敗に直結している。当時の武将は、家の子郎党《ろうとう》や自領の存亡をかけた戦いをくり返し、実戦を通じて戦いの原理原則を学んだ。

戦国武将の生き様や人間性の描写は小説家の領域であり、また歴史的事実および評価は歴史家に任せたいと思う。筆者は、陸上自衛隊で戦略・戦術を学び、部隊指揮官および幕僚としてこれまでの人生の大半を過ごしてきた。この経験と知見を生かして、戦国時代の戦いを現代戦術の感覚でながめてみた。

戦いの経緯やデータに関しては『日本戦史』（旧参謀本部編纂）、『名将言行録』（岡谷繁実著）、『本能寺の変／山崎の戦』（高柳光壽著）、『図鑑・兵法百科』（大橋武夫著）などを主として参考にし、戦術的な分析は武岡淳彦氏、金子常規氏など旧軍人で戦場体験者の各著書を、それぞれ参考にした。

1　目的の原則（the Objective）

戦国武将は、領国の生き残りが至上命題で、このために文字通り命をかけて離合集散をくり返した。大義名分にも建前と本音があり、彼らは全身全霊をあげて建前と本音を見極め、勝ち組みに入るべく冷徹なまでに進退した。

目的の原則は「大義名分をつらぬくこと」と同意義だ。決定的な意義があり、かつ達成可能な条件をみたすものを目的として確定する。この目的を達成するために具体的な目標を定め、最大限の努力を結集し、あらゆる妨害を排除して、強烈な意志をもってこれを追求しなければならない。目的（大義名分）は期待すべき効果であり、目標は目的を達成するための具体的な手段、手法などである。

天正十（一五八二）年六月の山崎の戦は、羽柴秀吉軍と明智光秀軍の遭遇戦《そうぐうせん》だが、羽柴秀吉は、本能寺で殺された主君織田信長の弔《とむら》い合戦という大義名分をかかげて、勢いに乗って諸将を味方に引き入れて明智光秀に圧勝した。明智光秀にも天下を取るという大きな目的はあったが、主君殺しという倫理上の問題が足かせとなり、様子見の武将たちを自分の傘下《さんか》に結集できなかった。

羽柴（豊臣）秀吉は天正十三年に関白につき、翌十四年に太政大臣に任ぜられた。さらに十五年に島津氏を下して九州を平定し、十八（一五九〇）年には小田原城を攻囲して北条氏を滅ぼし、天下に並ぶものなき人となった。

天下を統一した二年後に朝鮮出兵を動議し、二度にわたって朝鮮半島に大軍を送りこんだ。第一次が文禄の役（一五九二〜一五九五年）、第二次が慶長の役（一五九六〜一五九八年）である。太閤《たいこう》秀吉は慶長の役のさなか慶長三年八月十八日に没し、朝鮮出兵は中途で挫折し、前線の将兵は困難な撤退作戦をおこないつつ空しく九州に引き上げた。

豊臣秀吉は〝唐入《から》り〟すなわち明国征服のため、総勢二十一軍兵数三十万人を動員して、本営を肥前名護屋《なごや》（佐賀県）に置き、自ら本営の名護屋城に陣取って、征明軍全般の指揮をとった。先ず朝鮮半島を制圧し、次いで明国に侵攻する計画であった。また秀吉自身も朝鮮半島へ渡海を準備するなど、唐入りは単なるお題目ではなく、本気であった。にもかかわらず、明国を征服することの大義名分、何のために明国に討ち入るのか、明国征服から何が得られるのか筆者には理解できない。

桑田忠親氏は秀吉の朝鮮出兵について、秀吉の外征は、単なる名誉欲を満足させるためというよりも、むしろ、英雄の夢を実現させるためだった。だから、無謀のそしりをまぬがれないのである。しかし、そこに、応仁・文明の大乱以来の日本の動乱を鎮定し、国内の統一を実現させた経略家の過剰きわまる自尊心が存し、同時に、日本の国力にたいする過信があったのである、と論評している(『日本の戦史5』朝鮮の役、徳間書店版)。

アジアに君臨するという秀吉一個人の夢のために、大軍を七年余にわたって朝鮮半島に送り、多くの人命と国費を浪費し、しかも現地にいやしがたい傷跡を残して、何ら得ることなく空しく撤兵した。このエネルギーを、統一後の国内の整備に向けていたら、と後知恵で思うのであるが……。

敗因はいろいろとあるが、大義名分がなかった(無名の師《いくさ》)ことに加えて、朝鮮海峡の制海権を朝鮮水軍に奪われ、本土と半島間の兵站《へいたん》(補給)線を維持できなかったことが致命的で、これが当時の日本の実力（国力）であった。

慶長五（一六〇〇）年九月の関ヶ原の戦では、東軍（徳川家康）も西軍（石田三成）もともに、豊臣政権の安定（秀頼様お為）という大義名分をかかげた。しかしながら東軍に加盟した諸将は、徳川家康の究極的な目的は天下取りである、ということを承知して参加した。徳川家康は、豊臣秀頼を打倒して徳川安定政権を確立するために、その一過程として関ヶ原を位置づけ、反徳川勢力を力でたたきつぶした。

西軍（石田三成）の秀頼様お為という大義名分は美しいが、生き残りをかける諸将の心を鷲づかみにするほどの迫力はなく、また石田三成の将徳のなさとあいまって、西軍は関ヶ原で善戦しながらも東軍に圧倒された。関ヶ原戦後、徳川家康は豊臣秀頼を大阪冬・夏の陣に追いやり、徳川政権の基盤を固め、長期安定政権の確立という大目的を達成した。

2　主動の原則（Offensive）

主動の原則は態度の原則である。首領たる武将は旺盛な企図心をもって、自主積極的に行動し、わが意志を相手に強要し、敵将を受動の立場に追いやり、戦勢を支配し

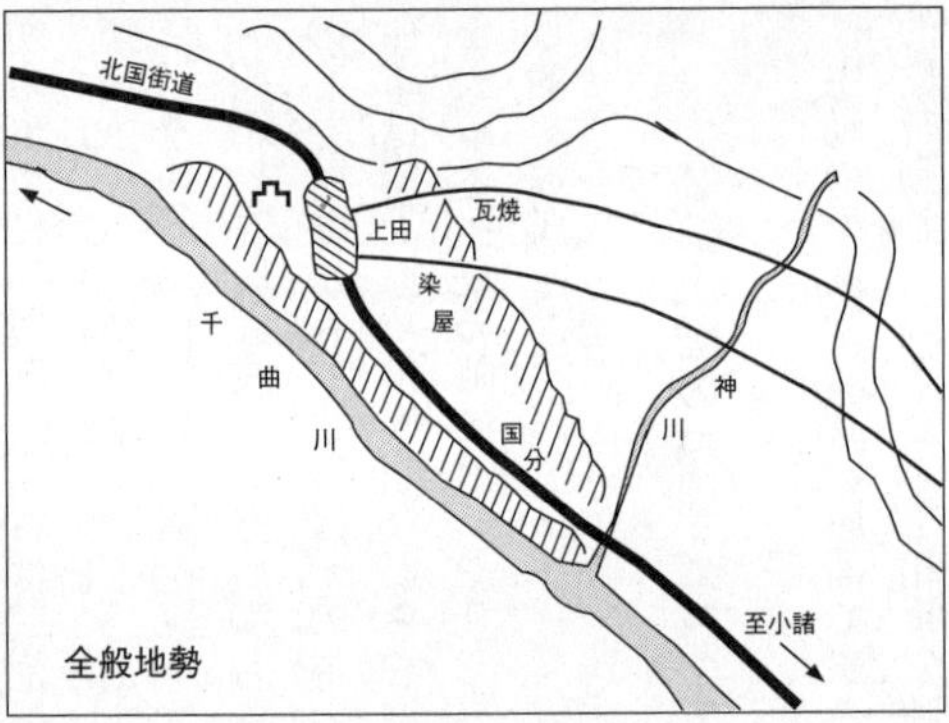

全般地勢

て勝利を手中にしなければならない。主導権の確保は、作戦目的の達成、ひいては戦勝獲得のためきわめて重要だ。このためには攻勢的精神を持ち続けることが不可欠である。

　主動の地位を確保するためには、次の二点が条件となる。第一点は主導権の獲得。すなわち相手に先んじてわが意志を決定し、速やかに方針を決定すること。第二点は戦勢を支配する要点を敵に先んじて取ること。このために必要な情報を入手し、準備を周到にして、要点に優勢な戦闘力を集中しなければならない。

　主動の原則は戦闘場面における原則（戦術）と考えがちであるが、中長期的な視点（戦略）からも精彩をはなつ。周辺諸国の情勢を先見洞察《どうさつ》し、来るべき戦いに備えて要衝を確保し、敵の侵攻に際しては想定した通りの戦いを演じ、戦国の世をしたたかに生きぬく、このような武将の一人に真田昌幸《まさゆき》がいた。

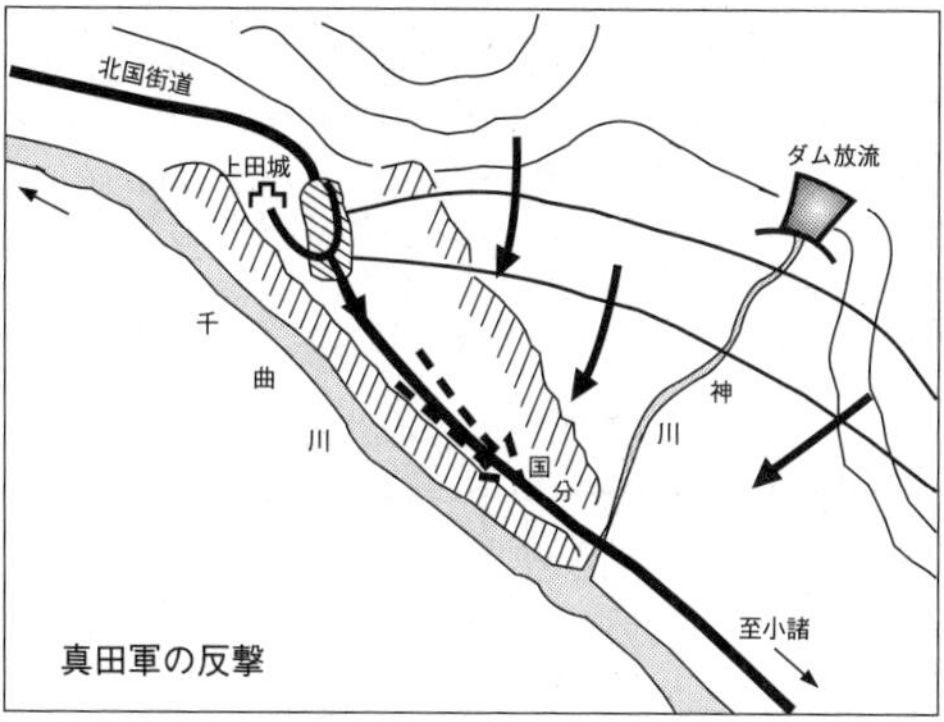

真田軍の反撃

天正十（一五八二）年は大波乱の年であった。織田信長はこの年の三月に信濃・甲斐へ侵攻して武田家を滅ぼし、引き続いて東海・関東まで制圧した。六月、天下統一を目前にして本能寺で明智光秀に殺され、その明智も山崎の戦で羽柴秀吉に敗れた。世の中は大きく転回して、羽柴対徳川の二大勢力へと動きはじめる。

越後《えちご》の上杉氏、関東の北条氏、東海・甲斐の徳川氏の三雄の中で、信州上田周辺を根拠地とする真田昌幸は、変転する時代を真田家が雄飛するチャンスととらえ、上杉を後詰《ごづめ》と頼み、天正十一年に上田に城を築いた。近い将来、徳川または北条が侵攻してくることを想定し、これを迎え撃つに最適な場所に城を築き、城下を形成し、住民（土民）の戦力化を図った。敵が攻撃せざるを得なく、しかも自分に好都合な戦いができるように、戦場を自主的に選定し、これに応じた戦い方を徹底して訓練した。

天正十三（一五八五）年八月二日早朝、大久保忠世《ただよ》が指揮する徳川軍は八千余、神《かん》川《がわ》を渡り、国分《こくぶ》・染屋《そめや》・瓦焼《かわらぎ》の三方向から上田城を攻撃した。上田城に拠る真田軍は主将の真田昌幸以下二千。真田軍は、徳川軍に上田城を攻撃させ、機を見て反撃に移った。小銃を一斉射撃し、市街地に放火し、山口、戸谷、矢沢付近から側撃し、同時に、上田城から真田軍主力が出撃して、徳川軍を国分方面へ押し戻した。

徳川軍は神川を渡って小諸方向へ下がろうとしたが、真田軍はかねて準備していた神川上流のダムを一気に決壊させて、渡渉中の徳川軍に大損害を与えた。徳川軍は八《や》重《え》原《ばら》に集結して攻撃の再興を図ったが、真田昌幸の背後で羽柴秀吉と上杉景勝が動きを見せ、徳川方は攻撃をあきらめた。

この第一次上田合戦は真田昌幸が主動の原則を完璧に具現した戦例だ。上田城は、千曲川右岸の比高十五メートルの河岸段丘上に築かれており、かつては千曲川が裾を洗っていたという。上田城の北から東にかけて瓦焼、染屋、国分を結ぶ線上が、同様に比高十五メートルの第二の河岸段丘となっており、段丘の端は垂直の崖となっている。真田昌幸は河岸段丘を戦術的に利用した。

小諸方向から神川をへて上田城へ進出する道路は大小三本で、とくに瓦焼、染屋付近では十五メートルの崖を下る。筆者が現地の地形を見て感心したのは、上田城から反撃した場合、敵は必然的に国分の狭い場所に圧迫されるということだ。攻撃する場合は崖を降りることが出来るが、後退する場合は崖が大きな障害となる。

真田昌幸は、河岸段丘の特性を生かして築城し、攻者の障害となるように市街地を形成し、神川の氾濫を事前に準備し、これらを効果的に活用できるように訓練をくり返して、敵の攻撃を待った。これこそが中・長期的な主動の原則の応用そのものであり、地勢を戦術的に生かす眼力はみごとである。米国のマハン提督も「予想戦場の要点を占領するものは将来の勝者である」と言っている。

慶長五（一六〇〇）年の第二次上田合戦は、関ヶ原の戦につらなる局地戦である。東海道から濃尾平野に向かう東軍の主力部隊に呼応して、徳川秀忠が指揮する三万八千の大軍が中山道を移動した。真田昌幸は、徳川秀忠の軍を上田城に引き止めて（拘《こう》束《そく》して）、関ヶ原の決戦に参加させないよう企図した。

秀忠軍は第一次合戦と同様の部署で上田城を攻撃し、真田昌幸の計略に引っ掛かり、結果的に関ヶ原の決戦に間に合わなかった。西軍が決戦に破れたので、真田昌幸の雄図は空しくなったが、もし西軍が勝利していたら、真田昌幸は殊勲第一等で大大名に躍進していたかもしれない。真田昌幸はかつて武田信玄につかえたが、自らも権謀術策と戦略・戦術を駆使して、戦国の世をしたたかに生きた。

3　集中（Mass）・経済の原則（Economy of Force）

この二つの原則は相互に矛盾した内容だが、コインの表裏のようなもので、一括して取り上げたほうが理解しやすい。集中の原則は、古来、列国が兵術の基本原則として重視した。優勝劣敗という言葉があるように、優れているものが勝ち劣っているものが敗れる、というきわめて平凡ではあるが冷厳な戦理である。

われわれの戦略は「一をもって十にあたる」のであるが、われわれの戦術は「十をもって一にあたる」のであり、これは、われわれが敵に勝つための根本法則の一つである。（毛沢東『中国革命戦争の戦略問題』―兵力集中の問題）

有限の戦力をどこかに集中すると、他の方面に使用する戦力を節約しなければならない。これが経済の原則である。「すべてを守ろうとするものは、すべてを失う」という警句がある。受動・守勢にまわったときに、われわれが陥りやすい欠陥だ。戦力が敵よりいちじるしく少ない場合、態勢的に前後に敵をむかえたとき、防御を選択することが多い。すべてを守ろうとしてあらゆるところに部隊を配置すると、それぞれの相対戦闘力の差は大きくなり、結果的にあらゆるところで負ける。

この場合、要点に部隊を配備して、その他は思い切りよく捨てるか、または残置部隊を配置して主力部隊は戦場を離脱しなければならない。指揮官にはこの非情さが求められる。元亀元（一五七〇）年五月、越前の朝倉領に侵攻した織田・徳川連合軍は、近江の浅井の裏切りにより金ヶ崎で突然ピンチに陥った。織田信長は木下秀吉に殿軍《しんがり》（残置部隊）を命じ、主力部隊は一目散に戦場から離脱した。

天正十（一五八二）年六月の山崎の戦で、羽柴秀吉は兵力の集中に成功し、明智光秀は兵力を分散して相対戦力が劣勢となり、決勝点で敗れた。

羽柴秀吉が山崎の決戦に投入した兵力は二万七千であった。秀吉の本隊は一万五百、本拠地の姫路城に帰着し、翌日全力を挙げて東へ走った。備中高松から反転してこれに池田恒興《つねおき》四千、中川清秀二千五百、高山右近二千が次々と加わり、さらに織田信孝八千が加入した。池田、中川、高山の三氏は元来明智光秀の組下《くみした》（指揮下）だが、羽柴秀吉の火の玉のような勢いに巻き込まれて羽柴に加勢した。

一方の明智光秀は、本能寺後、坂本、安土へ転戦し、洞ヶ峠で筒井順慶の参陣を待ち、羽柴軍急進の情報を得て円明寺川《えんめいじ》の線に防御陣地を占領した。決戦時の兵力は一万七千であった。明智光秀は安土城を攻略して五千を守備に残し、さらには組下の筒井順慶、細川藤孝・忠興親子の参加が期待できなくなり、くわえて前述の三氏が羽柴側に加盟した。

山崎の戦は、羽柴の外線作戦と明智の内線作戦の衝突だ。羽柴は主君の弔い合戦という大義名分をかかげて、明智打倒を目標に、まっしぐらに突進すればよかった。明智は内戦作戦という受け身の態勢で、兵力を分散し、あるいは期待の兵力を招集できずに、劣勢のまま決戦をむかえた。明智は内線の態勢を固めるための余裕を二、三ヵ月と考えていたが、羽柴は本能寺後わずか十一日間で明智に決戦を強要した。

物理的・精神的な時間差と勢いの差が勝敗を分けた。明智光秀の構想は、京都を中心に近畿の防備をかため、その後北陸の柴田、東海の徳川、中国の羽柴などを各個撃破することであったにちがいない。これは内線作戦の戦理にかなっているが、羽柴秀吉の〝中国大返《おおがえ》し〟によって、明智光秀に内線作戦成立の基盤を与えなかった。

4　統一の原則（Unity of Command）

戦勝のためには、すべての将兵が、形而上下の努力を共通の目的・目標に指向しなければならない。このためには、全隊が有機的に行動できることが必要であり、個人として、また組織としての積極的な協力精神がその根底をなす。一人の指揮官（武将）に必要な権限を与える場合、統一はもっとも容易となる。

群雄割拠の時代は、領主が家の子郎党を率いて戦いにのぞんだ。やがて強力な領主が近隣を切り従えて戦国大名へと成長し、有力な武将の下で武田軍や上杉軍などが形成された。今日の師団（Division）といったところであろう。これら有機的に結合した戦闘集団が互いにしのぎを削るようになり、織田連合軍のような強大な集合軍に収《しゅう》斂《れん》した。多数の軍団（Corps）から成る大規模な軍（Army）に相当しようか。

たとえば織田信長のように、部下将兵の生殺与奪の権限を完全に握っておれば、統一の原則はいわずもがなである。しかしながら、関ヶ原の合戦のような全国規模の大部隊の衝突となると、統一の原則は即勝敗に直結する。東軍は徳川家康が総司令官であったことはまちがいないが、西軍は前線の指揮を石田三成がとったが、西軍全体の総司令官は実質的に不在であった。

関ヶ原の決戦場における東西両軍の兵力は、東軍が七万八千、西軍が八万三千。この他、日和見《ひよりみ》勢力として小早川一万七千、毛利三万があり、その動向が勝敗の帰趨に大きく影響した。戦場外の間接兵力では、徳川秀忠軍三万八千が中山道を急進中であり、西軍後方の大阪には七万の予備が控えていた。

東軍は、桃配山《ももくばりやま》に前線指揮所を置いた徳川家康の指揮統率に、旧豊臣系大名および徳川譜代大名すべてが服し、一丸となって戦った。西軍の石田三成は松尾山から指揮をとり、石田三成軍、大谷刑部《ぎょうぶ》軍ら西軍の一部だけが全力を挙げて戦っただけだ。西軍は優勢な兵力を持ちながら、一元指揮にはほど遠く、多くの遊兵《ゆうへい》を出した。

石田三成は太閤秀吉の幕僚として力を発揮した官僚武将であり、実戦の指揮経験にとぼしく、大軍の統率には力量不足ではなかったか。もし豊臣秀頼が近江または関ヶ原に司令部を進めて、石田三成が幕僚長として秀頼を補佐し、前線部隊の指揮を実戦経験豊かな島津義弘がとれば、西軍の圧勝はまちがいなく、その後の歴史は大きく変わっていたであろう。

石田三成は、会津の上杉景勝（直江兼続が補佐）、信州上田の真田昌幸と連携するなど戦略構想は雄大であるが、海千山千の戦国大名をひれ伏させるだけの迫力はなかった。大軍における統一の原則には、司令官個人のカリスマ的資質も必要である。ふり返ってみれば、織田信長も、豊臣秀吉も、徳川家康もそれぞれ過剰なほどのカリスマを有していた。

5　機動の原則（Maneuver）

機動とは、作戦または戦闘において、敵に対して有利な地位をしめるために、部隊が移動することをいう。戦闘は、一面から見れば、決勝点に対する彼我戦闘力の集中競争である。所望の時期と場所に敵に優る戦闘力を集中するためには、迅速な機動力の発揮が絶対に必要である。現代戦では空中機動力などを積極的に活用するが、戦国時代は徒歩で戦場へ移動して戦闘力を集中した。

天正十年六月二日夕方頃、備中高松城を攻囲していた羽柴秀吉の本営に、本能寺で織田信長が殺されたという機密情報が入った。この瞬間から羽柴秀吉の天下取りが始まった。秀吉は十一日後の六月十三日、山崎の戦いで明智光秀を討ち、引き続いて明智の本拠地坂本城を陥落させ、さらに近江・美濃を平定して、二十五日後の六月二十七日に「清州会議」で織田信長の後継候補者としての地位を不動のものにした。

〝中国大返し〟と喧伝される羽柴秀吉の反転作戦、すなわち大機動こそが、秀吉に天下を取らせる原点だった。羽柴軍は〝機動の原則〟を絵に描いたように実践し、その勢いが火の玉となって山崎で〝集中の原則〟の発揮となり、明智軍に反撃の機会すら与えず一撃のもとに撃ち砕いた。

反転作戦は二段階で実施された。

第一段は備中高松城から羽柴軍本拠地姫路城への敵前反転である。高松城を受け取った後、浮田秀家の兵一万を岡山城に収容部隊として配置し、黒田官兵衛の部隊を残《ざん》置《ち》部隊として現地に残し、六月六日午後羽柴軍本隊が一斉に反転した。羽柴軍は大暴風雨、洪水をしのいで、七日姫路に帰着した。この様相を、司馬遼太郎が文学的に描写している。

両岸に進軍のための陣貝を吹く者を多数立ててしきりに吹かせた。その声によって、河を渉る士卒の心をひきたてようとした。貝の音はぼうぼうと雨の中をはしり、山にこだまし、低い雲の下の野に鳴りわたって、たれもが、雨にぬれて、備中、備前を追われてゆくのではなくて、雨を衝いて上方へ馳せのぼってゆくのだという思いをもった。(『播磨灘物語』講談社文庫)

羽柴軍主力は、毛利軍主力の敵前で(戦術用語でいう)離脱《りだつ》・離隔《りかく》を行ない、高松城から姫路城までの八十キロを、荒天の中、四十キロ/日の強行軍を行なった。

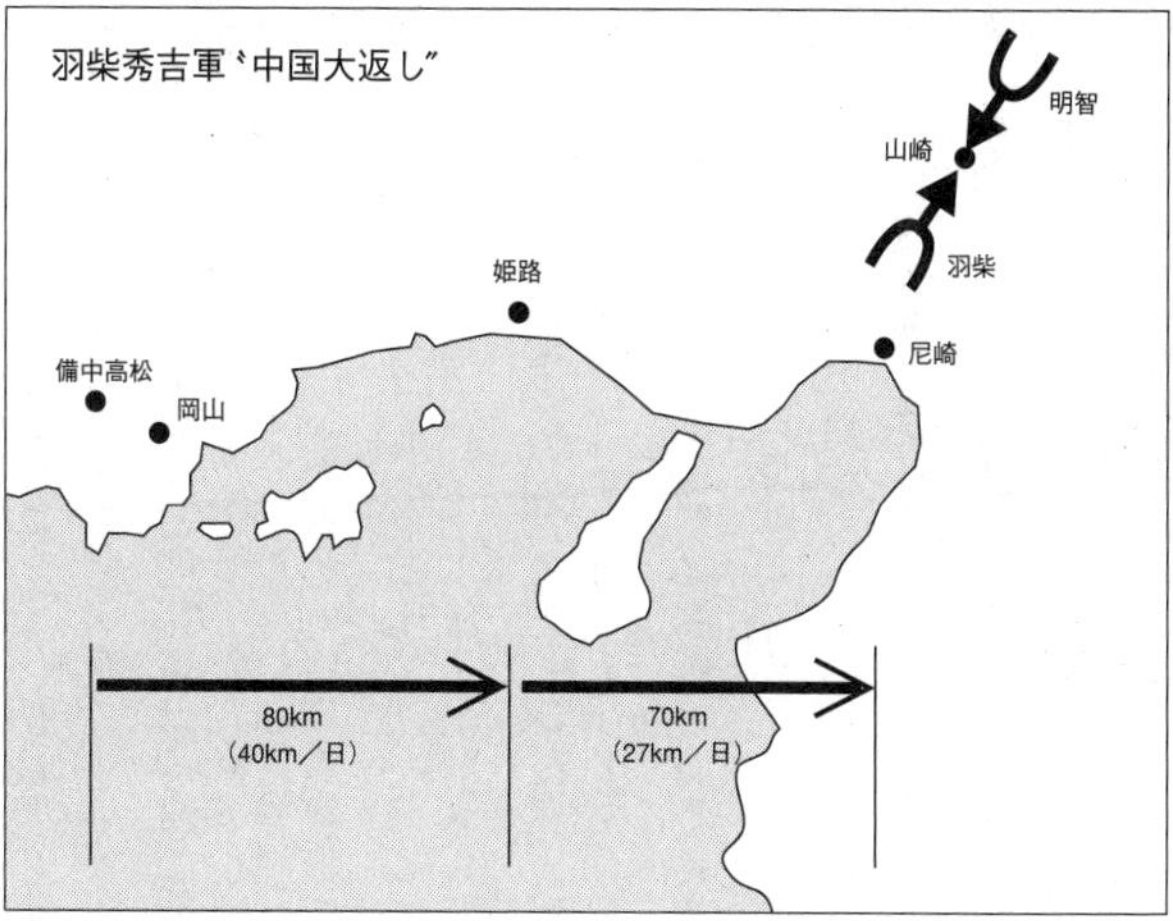

第二段は姫路から尼崎への急進である。羽柴軍は姫路城で作戦準備をおこない、六月九日姫路城を空にして出発、十一日午前中に尼崎に到着した。姫路～尼崎はおよそ七十キロで、羽柴軍はこの間を二日半で移動した。平均速度は二十七キロ／日であった。高松から尼崎までは百五十キロ、姫路での大休止をのぞくと、羽柴軍は平均三十三キロ／日の行軍速度で移動した。

四百年前に羽柴軍が行なった行軍速度三十三キロ／日は、今日の基準に照らしても立派なものである。ノモンハン事件（昭和十四年）において、歩兵第七十一連隊はハイラル～アムグロ間百八十五キロを五日間で徒歩行軍しており、平均速度は二十七キロ／日であった。旧陸軍の大部隊の連続行軍（徒歩者主体）の標準は、一日二十四キロ（六里）だった。

六月十二日、羽柴軍と明智軍は山崎の隘路をはさんで対峙し、十三日羽柴軍は全力をもって攻撃に移り、わずか数時間の戦闘で明智軍を撃滅した。

羽柴秀吉の〝中国大返し〟は日本戦史に燦と輝く金字塔である。秀吉もこの天下制覇への大機動を生涯自慢にしたという。むべなるかなとの思いである。

6　奇襲の原則（Surprise）

古今東西、戦史は奇襲に満ちている。夜討ち、朝駆けのように、敵がもっとも油断している時間帯に攻撃するのが〝時期的奇襲〟。源義経が鵯《ひよどり》越えから逆落《さかお》としをやったような、敵が予期していない場所から攻撃する〝場所的奇襲〟。長篠の戦における鉄砲の三段構え射撃の〝戦法的奇襲〟。さらには備中高松城攻囲戦における大規模土木工事の〝技術的奇襲〟もある。

奇襲とは、敵の予期しない時期、場所、方法などで、敵に対応のいとまを与えないように打撃することだ。奇襲において最も重要なことは、「対応のいとまを与えない」ことで、このためには、意表をついて得た成果を速やかに拡大して目標を達成することである。これでもかとたたみかけるスピードが決め手となる。

奇襲とは創意工夫であり、敵の不意をついて対応できる時間を与えないことである。とくに戦場で戦法的にまたは技術的に奇襲を受けた場合、敵は対応の手段を全く持たないというのが実体で、奇襲を受けた時点で敗北が決定する。このような奇襲は一朝一夕の思いつきでできることではなく、事前の徹底した研究と周到な準備が必要であることは論をまたない。

天正三（一五七五）年五月二十一日、武田軍一万二千は、織田・徳川連合軍三万五千が防御する陣地に対して攻撃を開始した。三倍の兵力を有する織田・徳川連合軍は、陣前に壕を掘り、馬塞《ふさ》ぎの柵をめぐらせ、三千梃の鉄砲を三段構えで準備して、武田軍の突撃を待ち受けた。武田軍の騎馬突撃を破砕するためには、鉄砲の威力を絶え間なく発揮することが不可欠で、このためには防御という戦術行動が最適である。織田・徳川連合軍は、武田軍の騎馬隊を撃破したのち、一斉に攻撃に移転した。この戦い方を「攻勢防御」という。

戦い方に定型はないが、両者ともに勝ち目を追求するのは当然である。武田軍の勝ち目は騎馬隊の突進力であり、織田・徳川連合軍のそれは鉄砲の火力であった。鉄砲の火力を最大限に発揮するためには、陣地防御がもっとも合理的だ。騎馬隊を戦車、鉄砲を対戦車ミサイルと仮定すると、設楽原《しだらはら》の決戦がよく理解できる。

当時の火縄銃の有効射程は二百メートル、最大発射速度は早号《はやごう》を使用しても一分間に四～五発である。つまり次弾の準備が完了するまでに最低十五秒前後かかる。騎馬隊が時速二十キロで突進すると二百メートルを五秒で到達し、二発目の射撃はできない。この問題点を解決したのが、鉄砲の三段構え射撃である。

織田信長は、合理主義者で創造的破壊者であるが、長篠の戦にはヒントがあったのではないか、と夢想する。確証はないが、信長はポルトガル生まれのイエズス会司祭ルイス・フロイスと十八回以上会っており、歩兵が騎兵を史上初めて撃破した〝クレーシーの戦い〟も話題にのぼったと考えたい。

英仏百年戦争のさなかの一三四六年、フランスのクレーシーで戦史の一ページをかざる戦いが行なわれた。伝統的な重装甲騎兵の突撃を重視するフランス軍四万と、徒歩弓兵（歩兵）を主力とするイングランド軍二万がクレーシーで決戦を行なった。英軍はなだらかな丘に防御陣地を構築して、六フィートの長弓（ロングボウ）で仏軍騎兵の突撃をむかえうった。英軍の長弓は、軽装甲を貫通する威力があり、重装甲の薄弱部分にも効果があった。仏軍騎兵は突撃を十数回反復したが、英軍に撃砕された。英軍はその後攻撃に移転して仏軍を撃滅した。

天正十年五月七日、羽柴秀吉は本営を高松城の東方蛙《かえる》の鼻に置いた。翌八日から、城の北方の門前村から東南方にかけて、蛙の鼻付近まで長堤を築いて、足守《あしもり》川の水を堰き止めて高松城を水攻めにした。長堤は長さ二十六町（二・八キロ）、高さ四間（七メートル）、幅九間（十六メートル）の大土木工事であった。大量の人夫を集め、米と銭をふんだんに使って、昼夜兼行で作業を続行して五月十九日に完成している。毛利輝元はこの予期しない事態に驚いて、二万余の大軍を率いて高松城の救援に赴いたが、後の祭りだった。

ローマ帝国の軍隊は、全員が工兵というほどに土木工事に長けていたことが、塩野七生氏の『ローマ人の物語』に詳述されている。今日に残る石畳街道、石橋、水道橋などにその技術力の高さがうかがわれる。この点に関しては、日本の軍隊は文字通りの歩兵で、戦争に土木工事を導入した羽柴秀吉は異色の武将であった。秀吉はこれだけの大工事をわずか十二日間で成し遂げているが、機械力のなかった当時を思えば、偉業といわざるを得ない。

長堤を築くという発想自体が卓抜《たくばつ》しているが、十二日間という工事のスピードも驚異的である。発想、土木技術、速度、統率力などのすべてにおいて奇襲の原則を具現したものであり、他者の追随を許さない。羽柴秀吉は、木下藤吉郎の時代に墨俣《すのまた》築城（永禄九年・一五六六年）を短期間で成し遂げており、元来この方面にすぐれた資質を有していた。羽柴軍は、本能寺の変の四日後、六月六日に高松城の攻囲を解いて反転するが、この際、長堤の一部を崩して毛利軍との間を冠水させて障害化したことは、容易に想像される。

7　簡明の原則（Simplicity）

〝小田原評定《ひょうじょう》〟とは、結論の出ない、意味のない会議を、期限を設けずにいつまでもダラダラとつづけることをいう。天正十八（一五九〇）年、豊臣秀吉が小田原城に拠る北条氏を攻めた。二十万余の大軍に完璧に包囲された北条氏は、秀吉との決戦か降伏かを決めかねて、三ヵ月間にわたって結論の出ない会議（評定）を重ねた。最終的に北条氏は万策が尽きて開城し降伏するが、戦機《せんき》を逸し、初代早雲が興し関八州に君臨した北条一族は、第五代氏直で滅亡した。

簡明の原則とは、〝戦場は錯誤《さくご》の連続が常態であり、錯誤の少ないほうが勝ちを制する〟という古来言いならわされた戦いの本性への深い洞察から発したものである。Simple is the best. が簡明の原則の極意であろう。シンプルとは、無駄なもの、本質的でないもの、緊急を要さないものなど、贅《ぜい》肉をとことん省いた究極の姿だ。

戦場における指揮官の遅疑逡巡は最悪の事態で、北条氏直の優柔不断こそが北条氏滅亡の元凶であった。北条氏直は、情勢を客観的に判断し、北条一族の意地と誇りをかけて進退を決断し、滅びるのであれば美しく戦って玉砕するという美学が欲しかった、と筆者は思う。鎌倉武士の〝名こそ惜《お》しめ〟の心意気だ。

景勝床几《しょうぎ》に倚《よ》りて城をはつたと睨《にら》み、物具もせずして青竹を杖に突き、左右に軍兵三百計《ばか》り、槍を横たえ跪《ひざまず》きて紺色に日の丸の旗、毘《び》の文字の旗、二本に浅黄の扇の馬印押立《うまじるしおしたて》、静まり返りて……。

戦国大名の時代は、各家それぞれに家風があり、主将の一令で将兵すべてが進退した。これこそが簡明の原則の実践であった。上杉家の陣法の厳しさはつとに知られており、岡谷繁実著『名将言行録』に大阪夏の陣における上杉景勝軍の本営の粛然とした様子が、右のように述べられている。

8　警戒の原則（Security）

永禄三（一五六〇）年五月十九日午後一時頃、織田信長は直卒の兵一千とともに、田楽狭間《でんがくはざま》で休止中の今川義元の本営を急襲し、主将今川義元以下多数を討ち取り、今川軍司令部を壊滅させた。今川軍は圧倒的優勢という楽観のもとで、かつ昼食時ににわか雨に見舞われるという不運もあり、本営自体の警戒がおろそかになっていた。この結果、上洛をめざしていた今川軍は、指揮系統そのものが雲散霧消し、指揮下の各隊はバラバラになって本拠地の駿河に敗走した。

警戒の原則とは、敵を撃つために、まず、自隊の安全を確保しようとする、部隊行動の条件的な原則である。部隊が、敵に奇襲されることなく行動の自由を保持しながら、「敵の戦意を破砕する」という本来そうであるべき目的に専念するために、重視すべき原則である。

現代戦においても同様であるが、司令部が敵に襲われて壊滅すると、全体の指揮がとれなくなり、部隊そのものが瓦解してしまう。筆者は戦車連隊長を経験したが、戦車部隊は無線を多用するため、作戦中は絶えず移動しながら指揮する。電波を出すと相手に標定され、その電波に乗ってミサイルが飛んでくるからだ。したがって連隊本部が停止する場合、アンテナを数百メートル離れた場所に立てる。連隊本部を守るために、指揮小隊が戦車や装甲車をもって直接警戒を行なう。戦国時代においても、本営（司令部）が敵に急襲されて壊滅し、全体が瓦解した例は多く見られる。

当時の今川軍は三万、今川軍の侵攻を迎え撃つ織田軍は三千で、今川方から見ればまさに鎧袖一触が実感であった。このような状況の中で、織田信長は、国境付近の錯《さく》雑《ざつ》した地形を利用して、今川義元の本営を直接ねらって攻撃した。このことは偶然に起きたのではなく、平素から地形を知悉《ちしつ》し、訓練を重ね、情報網をはりめぐらせ、準備を周到にした結果であろう。織田信長は、敵の本営を壊滅させるという一点に、個人と領国の命運をかけたのである。桶狭間《おけはざま》の戦は、毛沢東のいう〝戦略的には一をもって十にあたり、戦術的には十をもって一にあたる〟を実行した典型例である。

その織田信長も、二十二年後の天正十（一五八二）年六月二日黎明、京都本能寺において明智光秀軍一万三千の攻撃により生涯を閉じた。このことにより織田連合軍の総司令部が瓦解し、織田連合軍自体がいくつかの軍団に分解するが、明智光秀は羽柴秀吉に敗れて三日天下に終わり、やがて豊臣秀吉の天下統一へとつながっていく。

安土を発した織田信長は、五月二十九日、数十人の近臣とともに本能寺の宿舎に入った。嫡子信忠は、五百の手勢とともに二条御所に宿泊していた。信長がほとんど裸に近い状態で本能寺に宿泊したのは、油断といえば油断であるが、明智光秀の反乱はまさに想定外であったにちがいない。明智光秀の反乱も突発的な決断であったようだが、この本能寺の変が日本の歴史を大きく動かした。

いかなる場合においても、本営（司令部）の警戒を厳にし、敵に付け入るすきを与えないことが鉄則である。このようにしてはじめて、指揮官は安んじて指揮活動を行なうことができる。油断大敵とは永遠のテーマである。

ナポレオン戦争に見る「戦いの原則」

――時代の変化を先取りして――

ナポレオンが歴史の表舞台にさっそうと登場した十八世紀末は、大変革の時代であった。一七八九年のフランス革命の影響は、またたくまにヨーロッパ全体に波及した。専制君主政治は立憲君主政治または共和政治となり、封建的階級制度による社会組織が崩壊し、軍事制度も傭兵制度から徴兵制度へと変わった。

傭兵制度下では、軍隊の維持に多額の経費が必要となるが、反面、長期間の高度な訓練が可能になる。当時の戦いは密集隊形による横隊戦術で行なわれ、司令官の一令で全部隊が動いた。兵士の補充には多額の費用が必要となるので、態勢の優劣で勝敗を決め、兵士の損耗を避けるために決戦を行なわないことが一般的だった。徴兵制度下では、兵士の損耗を気にすることなく大兵力の募集が可能となった。戦い方も火力を発揮して敵陣を動揺させ、運動容易な縦隊隊形の歩兵が白兵突撃し、決戦をもとめるようになった。

軍制が変わり戦い方が変わったにもかかわらず、各国の将帥はこのことを認識しようとはせず、相も変わらず土地の攻防を目標とし、兵力を分散して慎重に機動を行なう旧来の戦い方（陣地戦）に固執した。ナポレオンは、徴兵制度に基づく国民軍の特性を生かして、創造的破壊による新戦法を駆使して、時代の寵児となった。

将帥ナポレオンは、自ら作戦を計画し、陣頭に立って戦闘を指導し、独裁により意の如く戦場を支配した。敵将はナポレオンの新しい戦い方が理解できず、当然のことながら対抗手段を持たず、〝ナポレオンは戦術を知らない〟とくやしがった。ナポレオンには幕僚長も他の補佐者も必要なく、麾下の将軍は彼の意のままに行動すれば勝てた。ナポレオンの命令がとどく範囲では連戦連勝だったが、これが将帥ナポレオンの限界でもあった。

将帥時代のナポレオンは作戦に専念すればよかった。皇帝ともなれば政治も軍事も指導しなければならなくなるが、ナポレオンは一人でやった。皇帝を補佐しその意図を具現する政治家もいなく、軍事を代行する将軍もいなかった。戦いもナポレオンが直接指揮する戦場では勝てるが、他の正面では勝てなくなった。政治も外交も軍事もヨーロッパ全域へと拡大し、やがて破断界に達し、ナポレオンは歴史の表舞台から去っていく。

混迷の時代を生きぬくためには、時代の変化を先取りして、新しい戦い方を創造しなければならない。ただし、原理原則を踏まえたうえでの創造的破壊が基本である。ナポレオン戦争は、このことに関して多くのヒントを与えてくれる。

本稿で取り上げた史実に関しては『戦争史概観』（四手井綱正講述　岩波書店）、『ジョミニ・戦争概論』（佐藤徳太郎著　原書房）、『図鑑・兵法百科』（大橋武夫著　マネジメント社）、『一八一二年の雪　モスクワからの敗走〈新版〉』（朝日選書　両角良彦著）などを主として参考にした。

1　目的の原則（the Objective）

皇帝ナポレオンの宿望は、イギリスを圧倒してフランスの世界制覇を確立することだった。一八〇五年、ナポレオンは十五万の精兵をもってドーバー海峡の渡航を企図して、イギリスを軍事的に制圧しようとしたが、制海権を確保できず断念した。一八〇六年、ナポレオンは大陸封鎖令を発して、イギリスとヨーロッパ大陸間の貿易を禁止して、イギリスを経済的に封鎖しようとした。

最も公正、妥当な戦争とは、一点疑問の余地のない権利に根ざし、更にこれに加えて、支払われる犠牲と、招来される危険とに相応する国家利益を保証するものでなければならない。（『ジョミニ・戦争概論』）

ヨーロッパの各国はそれぞれに複雑な利害関係があり、ナポレオンが意図したようには事ははこばない。このような背景の中から、一八〇八年のスペイン遠征が起こり、ナポレオン自ら軍隊を率いてマドリードを制圧するが、その後スペイン全土でゲリラが蜂起し、フランス軍二十万がスペインに釘付けになった。ゲリラ戦の様相は、堀田善衞著『ゴヤ・Ⅲ　巨人の影に』に詳しい。さらには、一八一二年にロシア遠征を行ない、遠征軍が壊滅するという惨敗を喫した。

ロシア遠征の目的は、ロシアに〝大陸封鎖令を厳守させる〟ことである。四十二万二千の大軍でロシアの領土に侵攻し、軍事的圧力をかけて、ロシア皇帝にいうことをきかせようとの意図だった。この目的を達成するための具体的な目標は、ロシア野戦軍の撃滅であった。ナポレオンは、侵攻の早い時期にロシア軍主力との決戦が起こることを期待していたようで、長駆一千キロにおよぶモスクワまで遠征することは予期していなかった。

ロシア側の戦争目的は、侵攻軍を撃破して領土を回復する〝祖国防衛戦争〟である。このための具体的な目標は、持久作戦により侵攻軍を消耗させ、最終的に反撃して国境外に駆逐することだった。過早な決戦を避けて、広大なロシアの大地に侵攻軍を引き入れ、冬将軍を最大限に活用しようという考え方である。

一八一二年六月二十四日、遠征軍は一斉にニーメン河を渡河して、はるか地平線まで動く物はなにひとつ見当たらない、すいこまれるようなロシアの大地に進撃を開始した。だが、ナポレオンが期待し渇望したロシア野戦軍との決戦の機会はなかなか訪れなかった。

七月二十八日、遠征軍はロシアが放棄したヴィテブスクの町に入り、十日間の休養をとった。この間に、ナポレオンは具体的な目標を「モスクワの占領」に変更した。首都を占領することにより、戦争目的を達成できると考えたのだ。遠征軍は八月十二日にスモレンスクに向かって前進を再開し、八月十六日にロシア軍主力十二万と会敵したが、ロシア軍は十八日にスモレンスクを放棄して後退した。

遠征軍は、ロシア軍を追ってスモレンスクからさらに前進し、九月五日〜八日の間、ボロジノで待望の会戦を行なった。遠征軍、ロシア軍双方とも「勝った」と宣言したが、ロシア野戦軍の撃滅には至らなかった。

この時点で、ロシア軍新司令官に任命されていたクトゥーゾフ将軍は、モスクワを放棄することをロシア皇帝に具申して、ロシア軍主力もカルーガ付近に退避した。首都は失っても軍隊が健在であれば、ロシアを救うことはできる。モスクワと軍隊を同時に失うべきではない、と考えたのである。

九月十四日、初秋のさわやかな日射しのもと、遠征軍は放棄されたロシアの首都モスクワに入城した。モスクワは占領したが、ロシア皇帝が和を請う気配はまったくなかった。遠征軍はおよそ一ヵ月為すことなくモスクワに滞在し、十月十九日モスクワから撤退を開始した。この年は例年より早く雪が降り、ロシアの峻烈な冬将軍の到来がせまり、遠征軍に恥も外聞も捨てて撤退を促した。

遠征軍の兵力は、四十二万二千（六月、ニーメン）、十八万五千（七月、ヴィテブスク）、十四万五千（八月、スモレンスク）、十二万七千（九月、ボロジノ）、十万（十月、モスクワ）と時間の経過とともに衰滅しているが、十二月八日ウィルナに帰着した時は四千に満たなかった。焦土作戦、クトゥーゾフ司令官が指揮するロシア軍による追撃、パルチザンのゲリラ攻撃、補給の途絶、冬将軍の猛威などにより遠征軍のほとんどが消えた。

皇帝ナポレオンは、〝大陸封鎖令を厳守させる〟という戦争目的を達成するために「ロシア野戦軍の撃滅」を具体的目標としてかかげたが、ロシア軍の持久作戦とかみ合わず、さらには「モスクワ占領」に目標を変えたが、結果は遠征軍の全滅であった。ロシアは多大の犠牲を払いながら〝祖国防衛戦争〟を戦いぬき、侵攻軍を撃退して領土を回復した。

目的は理想や夢ではなく、あくまで具体的で実現可能でなければならない。このような意味において、皇帝ナポレオンがかかげた〝大陸封鎖令を厳守させる〟という戦争目的は、軍事的手段では達成不可能で、単なる夢想に過ぎなかったといえよう。根本となる目的を間違えると、挽回不可能な結果をもたらす典型例だ。

2　主動の原則（Offensive）

プロシア軍参謀総長のモルトケ将軍が〝我はかくする。よって敵をしてかくせしむる〟と簡潔に表現しているように、主動の原則は態度の原則である。旺盛な企図心をもって、自主積極的に行動し、わが意志を敵に強要し、敵を受動の立場にみちびき、

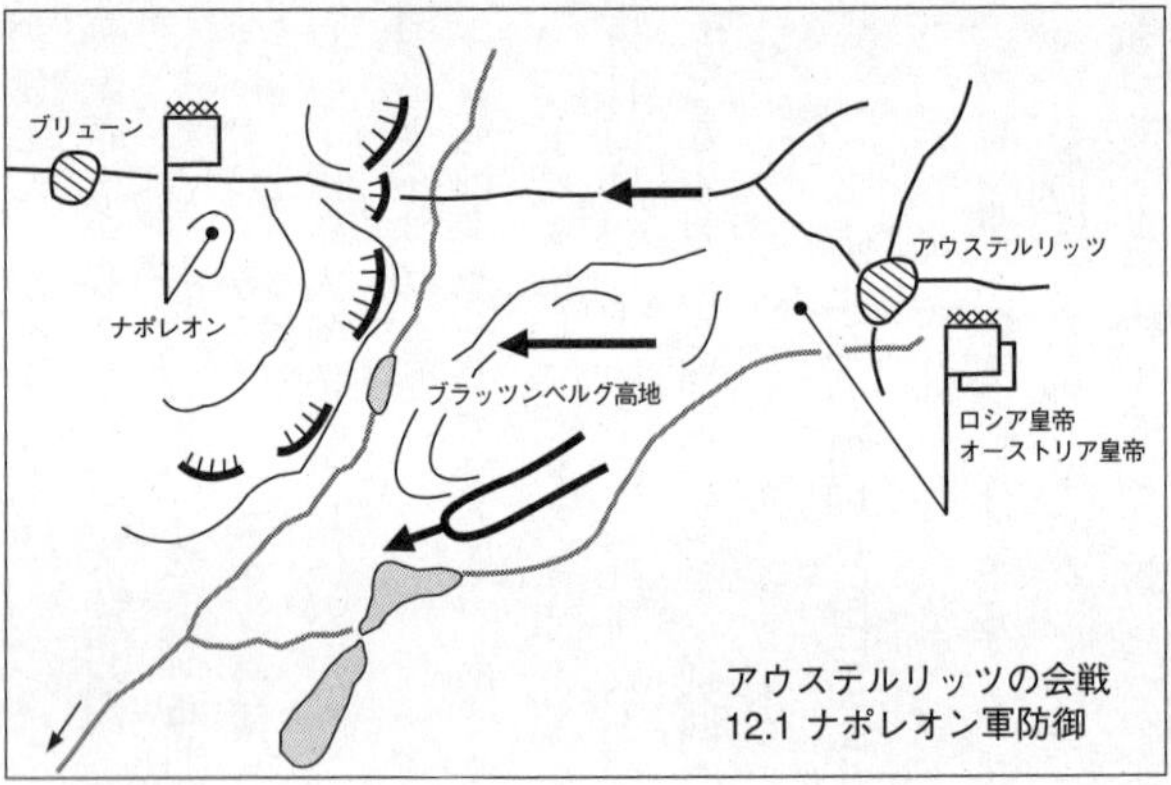

アウステルリッツの会戦
12.1 ナポレオン軍防御

戦勢を支配しようとするものだ。

一八〇四年五月十八日、ナポレオンは帝位に登った。翌一八〇五年八月、イギリス上陸作戦を断念したナポレオンは、オーストリアに対して宣戦し、ドーバー付近に展開していたフランス軍をライン河畔に向けた。ナポレオンは三十六歳、麾下の歴戦の将軍たちはほとんど三十代で、軍隊も戦闘経験豊富な精鋭部隊だ。

十二月、フランス軍とオーストリア・ロシア同盟軍がウィーン北方のアウステルリッツで会戦を行なった（三人の皇帝が一堂に会して戦ったので三帝会戦ともいう）。戦場の広さは正面十キロ、縦深十五キロであった。アウステルリッツの会戦は、主動の原則を絵にかいたような、ナポレオン戦術の最高傑作のひとつだ。

戦場にブラッツェンベルグ高地があり、この

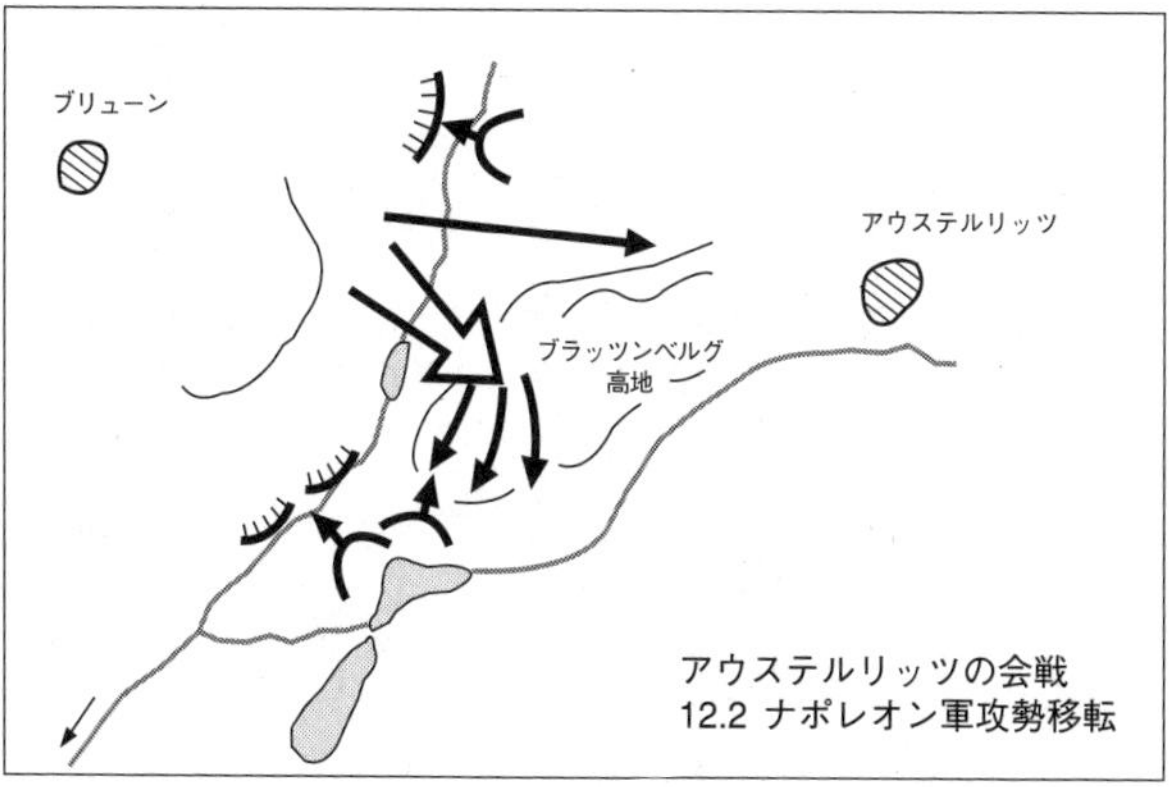

アウステルリッツの会戦
12.2 ナポレオン軍攻勢移転

高地を先取したものが勝つというほどの、戦術上の要地だ。ナポレオンはこの高地をあえて捨て（敵にえさを与えて）、その西方に防御陣地を構築、オーストリア・ロシア同盟軍八万五千を迎撃した。敵は必ずブラッツェンベルグ高地を占領し、この高地を旋回軸にして、フランス軍の右翼から攻撃してくると判断して、これを前提とした攻勢防御を準備した。

敵将はナポレオンの戦術能力の無さをあなどり、先ずブラッツェンベルグ高地を占領し、次いでナポレオンが予期した通りフランス軍の右翼に対して主攻撃を指向した。一八〇五年十二月二日朝、フランス軍七万五千は先ず中央軍から攻撃に移り、ブラッツェンベルグ高地を奪取して同盟軍を分断し、敵主力を背後から攻撃した。午後二時頃同盟軍は戦死一万五千、捕虜二万を出して大敗した。フランス軍は戦死一千だった。

ナポレオンは攻勢防御のイメージを精密に描き（我はかくする）、敵の行動を誘引して（敵をしてかくせしむる）、その通りに作戦を遂行した。成否のカギは、ブラッツェンベルグ高地をあえて放棄したことだ。ナポレオンの卓抜した戦術眼とナポレオンの意図どおりに動く精鋭部隊の両者相まって、の傑作作戦である。アウステルリッツの会戦は、ナポレオンが武将として輝いた頂点であった。

敵を致《いた》して大勝を博せんがためには、主動の地位に立ち、合法的に画策すべきはもちろんなるも、時としては奇法に出て変則を応用し、かつある程度の冒険を敢えてすること必要なり。いかなる程度に冒険を賭し、いかなる程度に本格的原則を遵守すべきかは、敵の特性、我が実力、統帥の自信等によって定まるものにして、運用の妙味《みょうまい》の存するところたり。将帥は機眼《きがん》をもって、その宜《よろ》しきを制せざるべからず。（陸軍大学校編纂『統帥参考』）

3　集中（Mass）・経済の原則（Economy of Force）

集中の原則は、古来、列国が兵術の基本原則として重視した。寡兵をもって衆敵を破った戦例は枚挙にいとまないが、これらを詳細に分析すると、決勝点における相対戦闘力は、常に勝者が敗者を上回っていたことがわかる。要は、全力をもって敵の分力を撃つ、という優勝劣敗の状態をいかに作り出すかということにつきる。有限の戦力をどこかに集中すると、他の方面に使用する戦力は節約しなければならない。これが経済の原則である。

ナポレオンは一七九六年初頭にイタリア軍司令官に任命された。二十七歳、陸軍中将である。彼はコルシカ貴族の出身で、かねてからイタリアへの関心が強く、長年にわたって兵要地誌の研鑽を積み重ねていた。当時は、フランス革命に対するヨーロッパ各国の反感が強く、フランスに接壌《せつじょう》する北部イタリアのサルジニア王国はオーストリアと同盟を結んでフランスに敵対していた。

一七九六年の第一次イタリア戦役は、新旧戦術の対決であり、ナポレオン活躍の序幕であった。各個撃破、大胆な機動、決勝点への戦闘力の集中など、近代戦法が華々しく開花した戦役である。

三万六千のフランス軍は、四月に侵攻作戦を開始した。対するサルジニア軍二万二千、オーストリア軍三万八千の合計六万である。ナポレオンは、広正面に展開していたサルジニア軍とオーストリア軍の中央を分断して、まずサルジニア軍を撃破し、次いで後退するオーストリア軍を二百四十キロ追撃して、オーストリア軍をイタリアから追い出した。オーストリア軍はマントワ要塞に一万の守兵を残して、チロルへ退避した。その後、マントワ要塞をめぐって、ガルダ湖畔で各個撃破の戦闘が起きた。

一七九六年七月、フランス軍三万はマントワ要塞を包囲していたが、オーストリア軍五万がフランス軍を挟撃すべく北方から進撃を開始した。オーストリア軍は、ガルダ湖西岸を二万、ガルダ湖東岸を二万五千、さらに東方の山中を五千の三径路で分進した。旧来の戦法では、この態勢はフランス軍が挟撃されて不利・ピンチと見えるが、ナポレオンはこれを各個撃破の好機・チャンスととらえた。

ナポレオンは、マントワ要塞の囲みを解いてガルダ湖南側に部隊を集結させた。八月三日、フランス軍三万はガルダ湖西岸サローでオーストリア軍二万を撃破した。フランス軍は直ちに反転して、後方に迫っていたオーストリア軍主力二万五千を、カスチグリオーヌにおいて八月五日に撃滅した。

三つの部隊に分かれて行軍しているオーストリア軍が合一すれば、フランス軍の勝ち目はなくなる。ナポレオンは、三者が相互支援できない時間的・距離的に分離している弱点をついて、各局面における相対戦闘力を優勢にして、それぞれを各個に撃破した。戦場の広さは南北七十キロ、東西七十キロであった。

ナポレオンは、マントワ要塞の囲みを解いたとき、わずかの兵力を警戒のために残した。要塞にこもっていた一万の主兵が攻撃に出れば、ナポレオンが残した警戒部隊はひとたまりもなかったと思われる。ナポレオンはこの危険をあえて犯し、決戦正面に戦闘力を徹底して集中した。警戒部隊にはその意を含ませ、精鋭部隊を残したにちがいない。この非情さがなければ、戦いには勝てない。

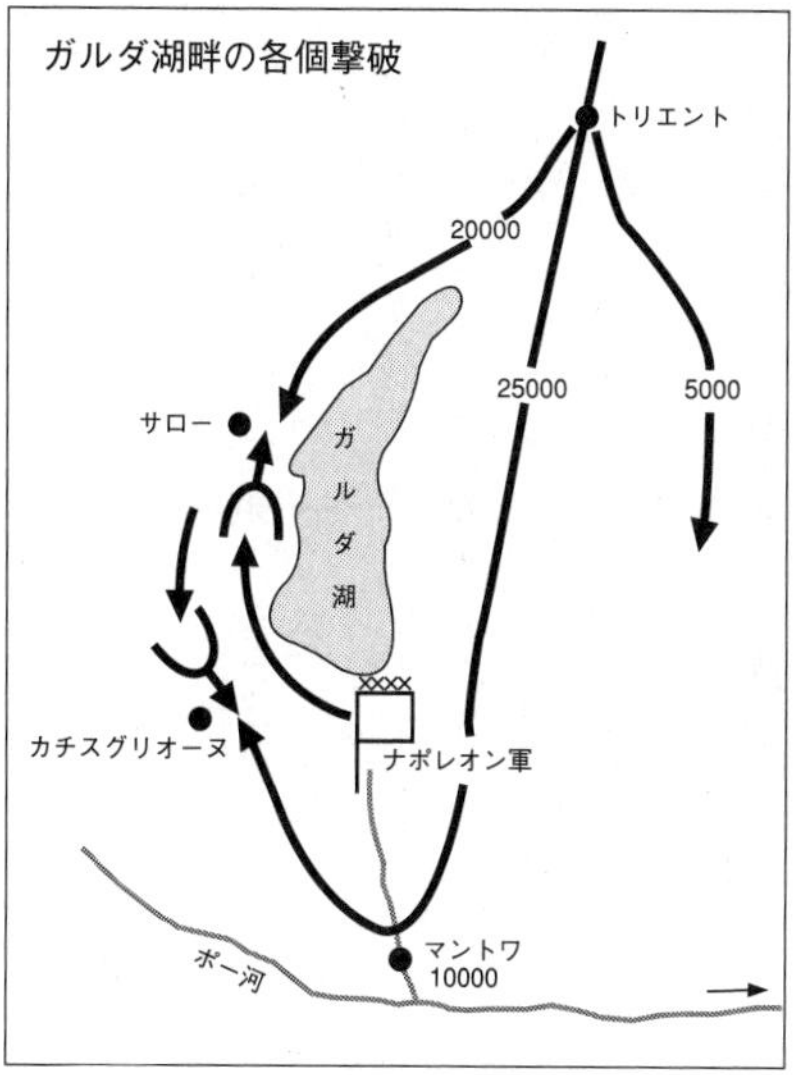

今日の戦術教範では、各個撃破は戦術常識となっている。しかしながら、イタリア戦役の時代の教範には各個撃破という戦術・戦法はなく、いわば異端だった。
ナポレオンは数学が得意で、砲兵出身であったが、ランチェスターの二次則を思いつくような感覚を持っていたのかも知れない。フ

ランス革命を身をもって体験し、大変革の時代の風をまともに受けていたからこそ、各個撃破という近代戦法を思いつき、それを実行できる環境に恵まれた。

4　機動の原則（Maneuver）

ガルダ湖畔の戦闘において、ナポレオンはサローおよびカスチグリオーヌでオーストリア軍を各個撃破したが、これを可能ならしめた最大の要因は機動力の優越であった。フランス軍は強行軍に次ぐ強行軍で、虎の子の大砲を地中に埋めて移動速度を速め、ナポレオン自身も名馬を五頭乗りつぶしたといわれる。

皇帝は彼自身がすなわち幕僚長であった。直線距離十七マイルから二十マイルの目盛りで距離を測る一対のコンパスを用意しながら、それぞれ異なる色のピンでわが兵団位置と敵の予想位置とを表示してある図上を、時に折り曲げたり、時には全長を引き延ばしたりして、彼は驚くべき正確さと精密さとを以って、諸隊に広範囲に亘る移動命令を与えることができた。図上の一点から一点へあちらこちらとコンパスを動かしながら、各縦隊に必要な日程を彼はまたたく間に決定した。──（略）

――命令を口述筆記させた。（『ジョミニ・戦争概論』）

右は、皇帝時代のナポレオン軍幕営の情景を、参謀として身近に使えたジョミニがえがいたものである。ガルダ湖畔の戦闘時も、ナポレオンはこのようにして、自軍と敵軍の位置関係を詳細に計算して、矢継ぎ早に命令を出したのであろう。当時のフランス軍は、歩兵は徒歩行軍で、騎兵は馬で、砲兵は砲車を馬に引かせて、戦場の決勝点へと集中した。

機動とは、作戦または戦闘において、敵に対して有利な地位を占めるために、部隊が移動することをいう。戦闘は、決勝点に対する彼我戦闘力の集中競争である。所望の時期と場所に敵に優る戦闘力を集中するためには、迅速な機動力の発揮が絶対に必要である。

昭和初期頃の旧陸軍では、徒歩行軍を主体とする大部隊の移動距離は、一日六里（二十四キロ）が標準であった。ガルダ湖畔で戦ったオーストリア軍も、一日二十四キロぐらいで行軍したのではなかろうか。ナポレオン軍はオーストリア軍の意表をつく倍の速さで移動し、いきなり白兵突撃を行なった。ロシア遠征時に、一日六十キロの強行軍をしたという記録があるが、さすがにこの時は落伍者が続出したという……。

ナポレオンの方式は、日に二十五マイル（四十キロ）も行軍し、戦い、そしてその後整斉と野営につくことであった。彼（ナポレオン）はこれより外《ほか》に戦いを行う術《すべ》を知らない、と私に語ってくれた。（『ジョミニ・戦争概論』）

第一次イタリア戦役で、後退するオーストリア軍を追撃中の五月十日に、フランス軍はアッダ河で待ち受けるオーストリア軍（歩兵一万二千、騎兵四千、砲三十門）とぶつかった。河には幅十メートル、長さ二百メートルの木橋が一本しかない。このとき、ナポレオンは全砲兵を展開して敵を制圧し、自ら先頭に立って木橋上を突進して、敵陣地の中央を突破した（ロジ渡橋攻撃）。司令官のこのような陣頭指揮が、当時の常識を超えたフランス軍の移動速度を可能にした。機動の原則は戦闘力の集中競争であるが、ナポレオン自ら馬を五頭乗りつぶすほどの陣頭指揮が、ガルダ湖畔の各個撃破の推進力であった。

第二次イタリア戦役で、第一統領となったナポレオンは、四万二千の軍団を率いて雪の残るアルプスを越えて（一八〇〇年五月）、オーストリア軍の退路を遮断するという大胆な機動を行なった。この機動により、オーストリア軍八万は準備していたアペニン山脈南麓（リビエラ海岸地帯）の陣地を放棄せざるを得ず、やがてマレンゴの会戦（一八〇〇年六月）へと展開していく。

時間をかけて準備した陣地で戦えば防者が有利であるが、この敵を陣地外に誘い出せば逆に攻者が有利となる。これを可能にするためには、大胆な機動により防者の後方に重大な脅威を与えなければならない。戦術教範では「迂回行動による陣外決戦」と称している。マッカーサーの仁川上陸作戦もこの典型例である。

5　統一の原則（Unity of Command）

戦勝のためには、全部隊の努力を統合して、共通の目的に指向することが必要である。現実に必要なことは、全隊が有機的に結合された協同動作を行なうことであり、このためには緊密な調整が大きな意義を持ち、積極的な協力精神はその根底をなす。一人の指揮官に必要な権限を与える場合、統一はもっとも容易となる。

ガルダ湖畔の各個撃破の戦例を、異なる切り口で取り上げてみよう。オーストリア軍司令官ウルムゼル（七十二歳）の企図は、三つに分けて南進させた部隊五万を合一し、マントワ要塞の守兵一万と協同して、ナポレオン軍三万六千を挟撃することであったにちがいない。従来の常識からいえば、オーストリア軍五万が合一した時点で勝敗は決し、ナポレオン軍は退却するはずであった。

ナポレオンは逆に各個撃破という常識破りの行動に出た。限られた時間内に部隊を集結させ、移動させ、敵を攻撃し、再び部隊を新たな敵に向かわせる。三万の部隊が移動すると、一本の道路であれば長径は四十キロちかくなる。数本の道路を使用しても、各部隊の行軍長径は十キロ程度となろう。このような状態にある部隊を意の如く動かすためには、ナポレオンの意図を時々刻々と伝達できる手段が必要となる。

ナポレオンは、命令を指揮下の部隊長に伝達する手段として、優秀な将校をスタッフ（幕僚）に任命して、彼らを最大限に活用した。

ナポレオン自身も馬を駆ったであろうが、側近のスタッフが走りまわり、命令を伝達し、各部隊の状況を掌握してナポレオンに報告した。従来の戦い方であれば、司令官の号令がとどく範囲が戦場となるが、ナポレオン方式であれば、馬で走りまわれる範囲に戦場が拡大できる。ナポレオンは、統一の原則を、スタッフを創設することにより、質的に量的にイノベーション（変革）した。

フランス革命の結果、歩兵、砲兵、騎兵から成り、自由に機動できる小戦闘集団としての師団編成が取り入れられた。ナポレオンは、この師団編成の利点を生かして、歩兵三個師団、軽騎兵一個師団、三十六〜四十門の砲および工兵をもって、独立して行動できる軍団を確立した。ディビジョン（師団・軍団）の編成により、フランス軍は、全隊が有機的に結合された協同動作を行なうことができた。

ナポレオンは参謀を作って勝ったといわれるが、当時のスタッフは今日の幕僚とはことなり、ナポレオンの意図伝達者であり、日本の戦国時代の「むかで衆」のような存在であった。七十二歳の司令官ウルムゼルは、サローおよびカスチグリオーヌで隷下部隊がなぜ撃破されたのか、納得できなかったのではなかろうか。

しかしながら、ナポレオンも人の子であった。成功体験を過信し、戦域も軍隊の規模も著しく拡大したにもかかわらず、自らの戦い方に固執し、一八一〇年頃からフランス軍は勝てなくなった。

ナポレオンが直接指揮する場面では圧勝するが、他の正面では連戦連敗となった。ナポレオンに痛めつけられていた間、プロイセン（後のドイツ）はナポレオンの戦い方を研究し、近代的な幕僚制度（参謀本部）を創設して、ナポレオンの一歩上をゆく戦い方を創出した。

プロイセン軍は、企業の事業部制のように、各司令官には命令ではなく訓令を与え、各司令官が独自に判断して行動できるようにした。フランス軍は相変わらず、ナポレオンの命令で動いた。

このように、統一の原則は、再びイノベーションのときをむかえた。指揮官の頭脳を補佐し、代行する参謀が登場し、国軍全体を統制する参謀本部へと発展した。

一八一二年のロシア遠征は、統一の原則の対極にあった。戦争目的そのものが非現実的であったが、遠征軍の編成も「全隊が有機的に結合された協同動作を行なう」にはほど遠かった。

遠征軍は十八ヵ国（ベルギー、ケルンテン、クロアティア、ダルマティア、ザクセン、バヴァリア、ライン同盟、ポーランド、イタリア、スイス、デンマーク、ウェストファーリア、ヴュルテンブルク、プロイセン、オーストリア、スペイン、ポルトガル）（『一八一二年の雪』による）からなる混成軍・連合軍であり、寄せ集めの部隊であった。

遠征軍の主力は皇帝ナポレオンが直率したが、他の二個軍団は、経歴もなく戦闘経験もほとんどない、ナポレオンの義子と皇弟を司令官に配置した。太閤秀吉の晩年の朝鮮出兵に似て、天才ナポレオンも老いたりといわざるを得ない。

6　奇襲の原則（Surprise）

奇襲とは、敵の予期しない時期、場所、方法などで、対応のいとまを与えないように打撃することである。最も重要なことは、「対応のいとまを与えない」ことで、このためには、意表をついて得た成果を速やかに拡大して、目標を達成しなければならない。

一七八九年のフランス革命は、ヨーロッパ各国の君主を震撼させた。従来の価値観を根底からくつがえす国民国家が誕生し、各国はこの革命に積極的に干渉した。フランス国内の革命・反革命戦争、各国のフランス革命に対する干渉戦争の中から、軍事の天才ナポレオンが、創造的破壊者としてさっそうと登場した。

各国の君主や将帥から見ると、フランス革命とナポレオンの軍事革命そのものが奇襲であり、対応のいとまずらなく、ナポレオン（フランス）にヨーロッパを席巻された。君主の私兵（傭兵制度）に対する国民軍（徴兵制度）の誕生は、態勢の優劣を争う陣地戦から撃滅をめざす殲滅戦へと、戦い方が根本的に変わった。

一七九六年のガルダ湖畔の戦闘に見られる各個撃破は、戦法的な奇襲であり、これを可能にした迅速大胆な機動、決勝点への徹底した戦闘力の集中も意表をついた部隊の行動であった。第二次イタリア戦役（一八〇〇年）で、ナポレオンは四万二千の軍団を率いて雪の残るアルプスを越えるが、敵の予期しない場所からの奇襲であった。フランス軍の編成は、ディビジョン（師団・軍団）となり、スタッフ（幕僚の原初的形態）の創設と相まって、師団や軍団が独立的に行動できるようになり、作戦地域が著しく拡大した。これなども編成、戦闘指導上の奇襲である。

第一次イタリア戦役（一七九六年）からアウステルリッツの会戦（一八〇五年）頃までのおよそ十年間は、ナポレオンの登場による軍事革命が奇襲効果を遺憾なく発揮し、まさにナポレオンの独壇場であった。しかしながら、奇襲の効果は永遠には続かない。各国はナポレオンの戦い方、戦法などを研究して、やがてこれを打ち破る方法、手段を開発する。

かつて将帥ナポレオンが破竹の進撃を続けたころ、頭の硬直した将軍連中は〝ナポレオンは戦術を知らない〟と言ったが、そのナポレオンもロシア遠征で〝クトゥーゾフは戦術を知らない〟（『ナポレオン露国遠征論』トルストイ著）とぼやいた。ナポレオンはスペインでゲリラ戦を身にしみて体験したが、これから何も学んでいなかった。創造的破壊でヨーロッパを席巻した天才も、自らの頭脳は破壊できなかったようだ。

一八〇八年末～九年一月、皇帝ナポレオンは軍隊を直率してスペインに侵攻し、またたくまにマドリードを占領し、イギリス軍を大陸から追い出した。しかしながら、スペインは地形が複雑で殲滅戦は生起せず、剽悍《ひょうかん》な国民性と相まって、スペイン全土でゲリラ戦となった。ナポレオンにとってゲリラ戦は奇襲で、手の打ちようがなかった。ロシア遠征時にもスペイン国内に二十万のフランス軍が釘付けのままだった。

堀田善衛著『ゴヤ』（集英社文庫）第三巻に、ナポレオンの軍隊がスペインに侵攻したとき、スペインの民衆がゲリラとして蜂起し、その惨禍――虐殺、掠奪、処刑、放火、強姦、復讐、飢餓など――をゴヤが銅版画「戦争の惨禍」として記録したことを詳述している。

　敵国民衆がその抵抗力の中核として、かなりの規模をもつ正規軍をその背後にもっているとするならば、このような国に対する侵略は甚《はなは》だ困難なものとなる。この場合侵略者は、ただその軍隊だけしかもたぬのに反し、敵は一切を挙げて抵抗手段と化し、共通の侵略者に対し相互に固く結びついている軍隊と武装民衆との両者を持っていることになるのである。この種の障碍は、それが錯雑した国土内で戦われる場合、ほとんど克服し難いものとなろう。―（略）―スペイン戦争こそ最も注意深く研究されなければならないものである。(『ジョミニ・戦争概論』)

ナポレオンは数学が得意で、砲兵出身であったことはすでに述べたが、常識を超えた砲兵の運用による戦術的奇襲の例がいくつかある。

一七九三年九月、フランス革命の余波で国内が騒然としていた時期、反革命党とこれを支援するイギリス、スペイン両艦隊は、ツーロン要塞の防備を固めて革命軍に対抗した。革命軍三万がツーロン要塞を攻撃するが、ナポレオンは砲兵指揮官に抜擢された。

このとき、ナポレオンは「陸上砲台の攻撃をやめて、ツーロン港を見下ろせる(旅順の二〇三高地に相当)マルグラップ砦を奪取して、砲兵を山上に推進して敵艦隊を砲撃すべし」と意見具申し、自ら攻撃部隊の指揮官を志願して砲兵を山の上に推進して、山上から艦船を砲撃してツーロン要塞の防備を瓦解させた。

一八〇六年、フランス軍はイエナ付近で国家の運命を賭けるプロイセン軍と戦った。十月十三日夜、ナポレオンはイエナ北方にあるランドグラーフェンベルグ高地に砲兵を推進して、夜明けとともにプロイセン軍を砲撃しようとした。

山はけわしく、大砲を引き上げる道はなく、しかも雨の闇夜で、砲兵部隊から「不可能です」との報告が入った。ナポレオンは〝予には不可能の字なし〟の名文句を吐き、ナポレオン自身が現場に進出して直接指導し、ランヌ軍団三万をもって道路を作り、大砲を強引に高地に引っ張り上げた。十四日仏暁、ランドグラーフェンベルグ高地からの猛砲撃を受けて、精強プロイセン軍は潰走した。

7　簡明の原則（Simplicity）

簡明の原則とは、〝戦場は錯誤の連続が常態であり、錯誤の少ないほうが勝ちを制する〟という古来言いならわされた戦いの本性への深い洞察から発したもので、シンプル・イズ・ザ・ベスト、百時簡単かつ明瞭を旨とすべきとの意である。シンプルとは、無駄なもの、本質的でないもの、緊急を要さないものなどを徹底して省いた結果である。

軍の戦力は機械学における運動量と同様、質量と速度の相乗積である。ナポレオンは勝利に不可欠なものとして、$M\times{}^{2}V$の数式をあげている。Ｍは軍隊の質と量、Ｖは移動速度であるが、移動速度Ｖは二乗の価値があることをナポレオン自身が認めていた。

ナポレオン戦争をふり返ってみると、V^2をひたすらに追求した軌跡であることが理解できる。内線作戦により最短距離を最速で移動し、決勝点に戦力を集中して敵野戦軍の撃滅を目指したのが、ナポレオンの終始一貫した戦い方だった。

ナポレオンがひたすら追求した内線の利、すなわち各個撃破・速戦即決のカギは、V^2すなわち移動速度であった。彼我の交戦規模が師団から数個軍団まであれば、V^2が絶大な効果を発揮した。しかしながら、数個軍あるいはそれ以上の規模の会戦になると、勝敗の決着に数日を要するようになり、V^2の効果は薄れてしまう。ナポレオンが勝てなくなったのは、このような背景もあった。

当時の勝敗の決着日数は、師団（八千～一万）同士で数時間から半日以内、軍団（三～四個師団）では半日から一日、軍（三～四個軍団）で一日から二日が平均だった。このレベルまでの会戦は、勝敗はその日か遅くても翌日には決着した。開戦の規模が急速に拡大すると、一正面の決着がつかないうちに増援部隊が到着したり、あるいは他の正面が破れたりするようになり、各個撃破、速戦即決が困難となった。

将帥ナポレオンをして常勝将軍たらしめた要因は、第一がM×V^2、第二がスタッフの創設、第三が陣頭指揮である。ロジ渡橋攻撃、アルプス越え、イエナ会戦時の砲兵部隊推進などのように、ナポレオンは常に最前線に姿を現わし、将兵を鼓舞《こぶ》した。

「おやじさん、おれたちの足でもって勝利をかせごうってわけさ……」と近衛軍の兵士たちが軽口をたたいた（『一八一二年の雪』）というエピソードがあるぐらい、[2]Vは徹底しており、ナポレオンの在るところ勝利間違いなしという不敗神話も生まれていた。

8　警戒の原則（Security）

警戒の原則は、部隊行動の本来の目的である「行動の自由を確保する」ための条件的な原則だ。本原則は保全の原則ともいわれるが、情報の保全に失敗して敗れた戦例は枚挙《まいきょ》にいとまない。作戦計画／命令が盗まれると、行動の自由の確保はおろか逆に奇襲される可能性が大だ。

ナポレオン軍の戦闘指揮所は必要最小限の人員――参謀長、侍従長兼主馬頭《しゅめのかみ》、当直将校、副官（2人）、伝令将校（4人）、近習《きんじゅ》、馬丁《ばてい》、地図箱携行護衛兵――が配置されていた。このような指揮所を近衛騎兵の4個大隊が護衛した。

指揮所内の図盤に地図（戦況図）が展開され、敵と友軍の最新の位置が異なる色のピンで標示されていた。ナポレオンは自ら各軍団の移動地点と移動経路を決定して、参謀に「各別命令」を口述して筆記させた。

命令は1部だけ羽ペンとインクで筆記し、これを参謀が騎馬伝令となって各軍団長に伝える。参謀は命令を交付し、説明し、ときには命令の実行を監督する。この間にも、各軍団から騎馬伝令が到着、派遣されていた参謀が帰着、ベェルティェ参謀長が各軍団の状況を掌握してこれを地図上に展開した。

フリードリッヒ大王の時代は、彼我ともに視認距離内で対峙し、全軍が大王（司令官）の周囲に集結しており、機密の保持は絶対的な要件だった。「もし万一わたしのナイトキャップが、わたしの頭の中で描かれている計画を盗み知ったとするならば、わたしは即刻これを火中に投ずるに躊躇《ちゅうちょ》しない」と大王自身が語っている。当時は参謀もいなく、大王ただ一人が計画のすべてを知っていた。

（皇帝時代の）ナポレオンが部下の元帥たちに与えた命令は、当該軍に関することを簡潔に記述し、隣接する兵団については簡単に知らせるのみだった。ナポレオンは全体の作戦構想は自分だけが承知し、誰にも知らせなかった。命令が敵手に帰し、作戦計画が盛れることを恐れたからだ。

会戦の規模が師団から数個軍団までの時代は、ナポレオンの命令通りに行動すればよく、機密の保全と命令の徹底が両立し問題は露呈しなかった。だが、作戦が数個軍あるいはそれ以上の規模になると、各軍司令官たちは作戦の全体構想を承知していないために、自主積極的な行動（独断）がとれなかった。情報の保全は重要だが、行き過ぎた秘密主義はマイナス効果だ。

ナポレオンの軍事史上における最大の功績は「作戦という概念を発明」したことであり、また参謀を創設して指揮のあり方に画期をもたらしたことだ。ただし、本項で述べたように、過度の保全意識が結果として部下の自主性を削ぎ、また後継者育成の機会を摘み、天才ナポレオンの大いなる過失だった。

西南の役に見る「戦いの原則」

――新と旧・近代国家への胎動――

江戸幕府末期、大陸からアヘン戦争（一八四〇～四二年）の噂が聞こえ、蝦夷地（北海道）周辺ではロシアの艦船が跳梁し、日本列島も鎖国という金城湯池のぬるま湯に浸っている状況ではなくなった。嘉永六（一八五三）年七月八日、米海軍ペリー提督のひきいる四隻の艦隊が江戸湾浦賀沖に黒い艦影を現わし、二百数十年来の泰平の夢を破った。

開国と攘夷をめぐって国内は紛糾し、慶応三（一八六七）年の大政奉還により江戸幕府は瓦解する。その後、明治二（一八六九）年二月の函館五稜郭開城まで国内の混乱は収まらなかった。明治維新という革命が実質的に成ったのは、明治四年の廃藩置県をもってである。わが国は近代国家への青写真がないままに明治維新をむかえたが、開国・近代化への道は遠くかつ険しく、革命の余波はなかなか静まらなかった。
明治十（一八七七）年に起きた西南の役は、幕末以来の新と旧のせめぎ合いの最終決戦であった。旧武士たちの新政府への不満と、中央集権国家をめざす革命政権との武力闘争であった。西南の役はわが国最後の内戦である。南九州を戦場とした西郷軍（以下薩軍と略称）と新国軍の戦いを、新と旧というフィルターをかけて分析してみよう。

戦いの経緯やデータは、『田原坂』（橋本昌樹著）、『西南の役と暗号』（長田順行著）、『カナモジでつづる西南戦争』（田中信義著）、『図説陸軍史』（森松俊男著）、『日本陸軍史』（生田惇著）、『兵器と戦術の世界史』（金子常規著）などを主として参考にした。

1　目的の原則（the Objective）

いかなる戦いにも何のために戦うのかという目的と、目的を達成するための具体的な目標がなければならない。明治十（一八七七）年二月十日、「政府に尋問の筋あり」として、西郷隆盛を首班とする薩摩士族および私学校生徒一万三千人が、時ならぬ大雪を衝いて鹿児島城下を発ち、熊本に向かった。

――懸軍長駆、東京に上り、闕下《けつか》に上奏して、當路大臣を掃蕩し以て新政府を組織し、内に革新の政《まつりごと》を施し、外には進取の策を実行せんとするに在りしなり。（『西南記傳』）

これは政治的クーデターの宣言であり、そこには願望のみがあって戦略も戦術もない。西郷隆盛は、精兵を率いて上京すれば政変は簡単に成る、と楽観していたか。そもそも〝懸軍《けんぐん》〟とは、兵站基地との後方連絡線を断ち、孤軍敵地に入る軍隊のことをいう。

一方、薩軍を迎え撃つ政府軍は、明確に戦争を意識していた。

――我に在ては他を顧みず力を一にして鹿児島城に向かひ、海陸併進、桜島湾に突入し、奮闘攻撃し、瞬間鹿児島を殲滅するに期して後に止む。（山県有朋の戦略書）

当時の山県有朋は陸軍卿で、新国軍の実質的なトップだった。山県は、挙兵した薩摩士族の殲滅を目的として掲げ、陸海軍の総力を挙げて鹿児島を攻略することを目標としていた。要は国家の総力を挙げて反乱軍をたたきつぶす覚悟である。政府軍の主戦力は国民皆兵の徴募兵で、薩軍は旧薩摩藩士であった。

政府は明治六（一八七三）年一月に徴兵令を発布し、全国を六軍管に分けてそれぞれに鎮台を置いた。これらは東京（第一）、仙台（第二）、名古屋（第三）、大阪（第四）、広島（第五）、熊本（第六）の六個鎮台である。徴兵令と鎮台の設置により、明治新政府もようやく中央集権国家の基礎が固まった。西南の役は新国軍にとっての試練でもあった。

徴兵令は武士階級の否定である。時運に乗れない旧下級武士たちの不満が鬱積《うっせき》し、明治七年の佐賀の乱、九年の熊本神風連の乱、山口県萩の乱、福岡県秋月の乱などが相次ぎ、政府は鎮台兵を以てこれらを鎮圧した。政府側から見ると、薩軍の決起はその掉尾《ちょうび》を飾る本格的な反乱であり、とても看過・容認できるものではなかった。

戦争は意志と意志との戦いである。一方は政治闘争を想定し、他方は本格的な殲滅戦の認識で相対した。この目的の違いを見るだけで、戦いの帰趨は当初から明らかである。旧薩摩藩士にかつがれて首班となった陸軍大将西郷隆盛は一体何を考えていたのか、海音寺潮五郎、司馬遼太郎はじめ多くの作家がこの謎に挑戦しているが、結論は出ていない。

2　主動の原則（Offensive）

勝利のシナリオを描き、先手、先手と自主積極的に動いて敵を受動に陥れ、戦勢を支配して最終的に勝利を手中にする、これが主動の原則である。

薩軍は戊辰戦争を戦い抜いた最強の薩摩士族で編成し、鎮台兵を百姓・町人の兵隊となめきっていた。熊本城に拠る鎮台の兵力は三千五百人、火砲は山砲・臼砲合わせて二十七門、弾薬は十分に備蓄されていた。熊本城は、戦国時代、加藤清正が薩摩の島津氏に備えて築城した堅城であった。

咄嗟《とっさ》（あわただしく）暁《あかつき》に鹿児島を出で、絶叫して夕に渡る太郎山、眼下蕞爾《さいじ》（きわめて小さい）たり熊本の城、手に唾《つばき》して抜くべし立食の間。（兵児謡《へこよう》の一節）

三月二十二日、薩軍は熊本城の全周を包囲して、雪で遅れていた砲兵の到着を待たずに、小銃火力のみで総攻撃を開始した。激戦となったが、鎮台兵の戦意は高く、翌二十三日に至るも薩軍は一地も奪取できなかった。二十四日には城攻めをあきらめ、一部をもって攻囲するに決し、主力を熊本北方に集結した。

三月二十七日、薩軍の精兵は、高瀬川畔に進出した政府軍二個旅団に対して攻勢をとった。攻撃は北翼からの包囲に成功し、政府軍の後方連絡線遮断の一歩手前までいったが、政府軍の必死の反撃により成功しなかった。薩軍の攻勢はこれまでで、以降、田原坂・植木正面での防勢に転移する。

薩軍が、熊本城を攻囲し北方で防御している間に、政府軍の衝背軍が不知火海の八代《やつしろ》に上陸し、四月十四日に籠城部隊と合一した。かくして四周に敵を受けた薩軍は、九州脊梁山地を経て人吉《ひとよし》盆地に撤退する。薩軍は鹿児島を発したときは一万三千人であったが、熊本隊など九州の旧各諸藩からの協力隊や徴募兵を加えて約三万人に達していた。

戦いの主導権は、当初は薩軍が握っていたが、熊本城の攻略が不成功に終わった段階で政府軍側に移った。高瀬の戦闘（三月二十七日）が成功しておれば、あるいは薩軍が主導権を握りつづける可能性はなきにしもあらずであった。とはいえ、全般シナリオのない薩軍であれば、所詮は一時的な花火に過ぎなかった。

防御で勝利を得るためには、援軍が必要不可欠の要件である。熊本鎮台司令長官谷《たに》干城《たてき》少将は、熊本城という堅城を五十四日間死守し、薩軍を熊本平野に拘束し、最終的に薩軍を包囲するという有利な態勢を作った。これも〝主動の原則〟である。

3　集中（Mass）・機動の原則（Maneuver）

戦いは戦場の要点すなわち決勝点への戦力集中競争である。薩軍が熊本城を攻囲し熊本平野に拘束されている間に、政府軍は全国各地に置いた鎮台の部隊を戦略展開し、薩軍に勝る兵力を九州の山野に集中しなければならない。この代表例として、金沢と北海道の部隊を取り上げてみよう。

明治十年三月一日、金沢城内二の丸に駐屯する歩兵第七連隊第一大隊に、名古屋鎮台から出動命令が届いた。第一大隊の六百六十人余は翌二日早朝に営所を出発し、七日間の徒歩行軍を重ねて八日に大阪鎮台に集結した。

大隊は征討別働第二旅団に編入され、金沢から携行してきた旧式のミニエー銃を後装式のスナイドル銃と交換し、十三日に神戸港から三菱郵船の「社寮丸」で出港し、瀬戸内海を西に向かって航行した。十六日長崎港に投錨し、同地で再編成をおこない、二十二日不知火海の日奈久《ひなぐ》に上陸した。出動命令を受けてから三週間後であった。

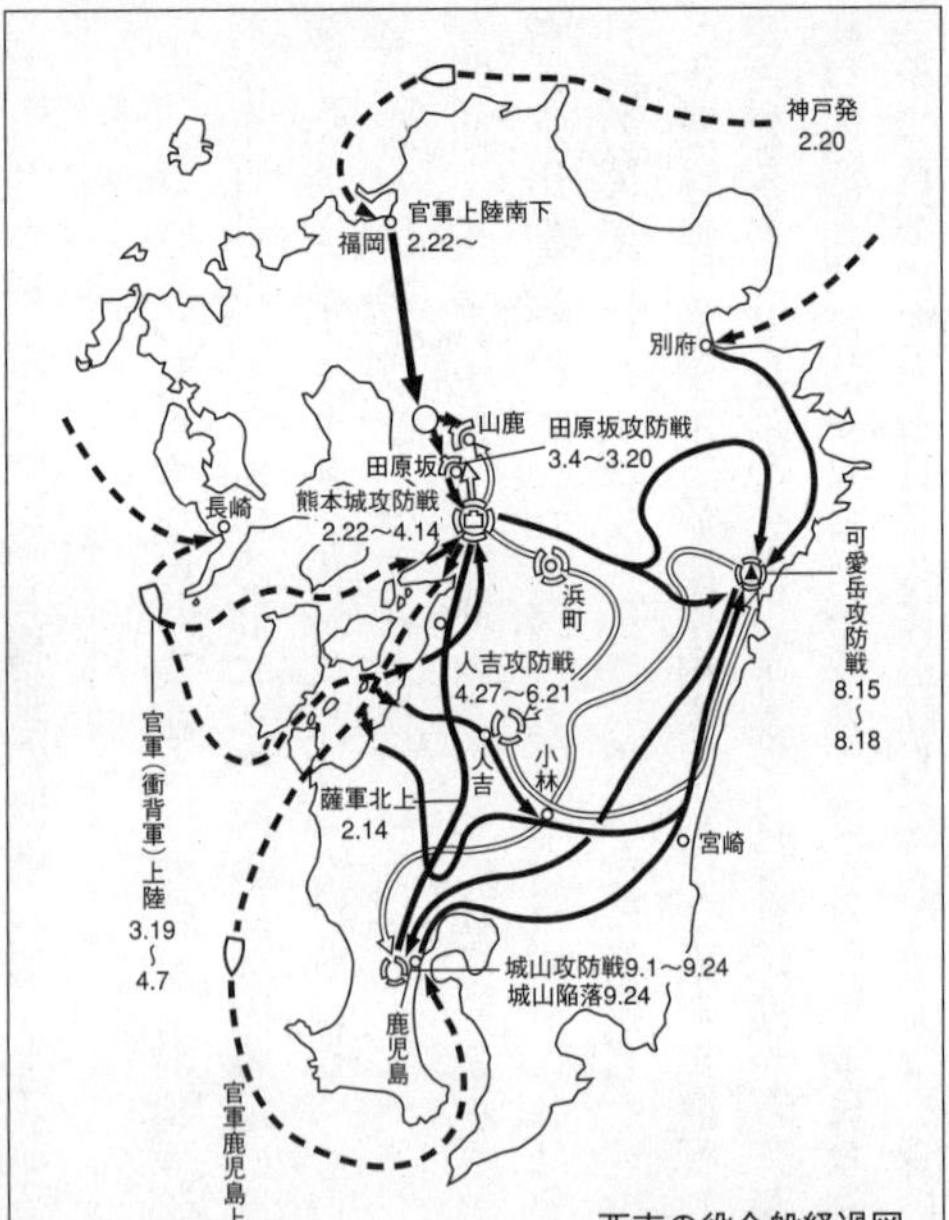

西南の役全般経過図
（『図説陸軍史』を参考として作成）

征討別働第二旅団は薩軍の背後から、抵抗する薩軍を圧迫しながら熊本城に向かって北上した。西郷隆盛は川尻に本営を置いていたが、衝背軍の進撃を受けて熊本東十キロの木山に転陣した。三月十四日正午過ぎ、征討別働第二旅団の最右翼である山川中佐隊は、川尻方面に火炎が上がるのを見て独断突進し、城下の長六橋で、城内から出撃してきた熊本鎮台の突囲隊と提携し手を握った。

明治七年十月、北辺の防備と開拓を兼ねた屯田兵の制度が発足した。

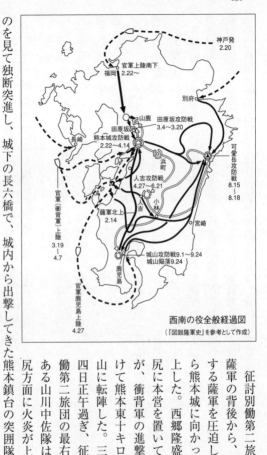

明治十年四月十五日、屯田兵第一大隊六百四十五人を乗せた「太平丸」が小樽港を出港し、九州の熊本へ向かった。大隊は二個中隊の編成で、第一中隊は琴似《ことに》の屯田兵、第二中隊は山鼻《やまはな》の屯田兵であった。琴似の屯田兵は旧会津藩士、仙台藩士、庄内藩士、山鼻の屯田兵は旧奥羽諸藩士からなっていた。いずれも朝敵とみなされた東北諸藩の士族である。

屯田兵第一大隊は四月二十三日熊本の百貫石港に到着するが、このときすでに西南の役は山場を越えていた。熊本城包囲網が敗れた薩軍は、「人吉に蟠踞《ばんきょ》して四方に兵を出し、機を見て中原に進出する」との方針を立て、人吉盆地に戦線を収縮していた。四月二十七日屯田兵第一大隊は別働第二旅団に配属され、八代へ移動し、旅団の一部として人吉方面の攻撃に参加することになった。

人吉は肥後の南々隅に位置し、球磨川の上流の深い山々のかさなりあった中にある盆地である。南の一体には高い山がつらなって、肥後と薩摩の両国を分けており、飯野越、加久藤越、吉田越、田野越などで鹿児島に通じている。東には白髪岳、皆越、槻木越、米良越などの峻嶺がそびえ、日向と接している。（中略）北は山々がつらなりあい、かさなりあって、近くは五木谷から五箇荘、遠くは矢部あたりまで

山また山の起伏がつづき、人跡未踏の地も多い。（旧参謀本部編『維新・西南戦争』徳間書店版）

政府軍は別働第二旅団と別働第四旅団の指揮系統を一本化し、歩兵三十五個中隊、砲兵二個中隊、工兵一個中隊などの部隊をもって八十キロの広正面に展開して、七本の経路から人吉攻略をめざした。屯田兵第一大隊の二個中隊は、万江越道を担当した。

戦闘は五月十八日頃から本格化し、薩軍の反撃もすさまじく、各戦線で激戦が展開された。六月一日政府軍は総攻撃を開始し、午後一時過ぎ、人吉はついに政府軍の手に落ちた。薩軍は加久藤越《かくとうごえ》から日向へ脱出した。

屯田兵第一大隊はこのあとも各地を転戦し、八月二日の高鍋城下への攻撃を最後として第一線から退いた。九月三日吹上御苑で明治天皇の閲兵を受け、「汝等北海道遼遠ノ地ヨリ遥カニ西南征討ノ役ニ従ヒ尽力奮戦候段朕深ク之ヲ嘉賞ス」との勅語をたまわった。

屯田兵は開拓の傍ら訓練に励み、鎮台兵に劣らない力量を示した。明治二十九年四個屯田兵大隊を基幹として第七師団が創設され、以来数次の改編を経て、四個歩兵連隊を基幹とする国軍屈指の精強師団として北の守りに任じた。

西南の役に従軍した政府軍の兵力は概略四万五千人。このうち徴募の鎮台兵は二万二千人、近衛兵三千人、旧藩士、屯田兵、警視庁巡査の壮兵が一万八千人など。政府軍が動員した装備は小銃四万五千梃、砲百九門。これらの人員・装備に対する兵站支援とくに弾薬・糧食の補給は膨大なものであった。薩軍は人員三万人、小銃一万三千梃、砲六十門であるが、懸軍ゆえに兵站支援は乏しく、時間の経過とともに戦力が急速に消耗したことは容易に想像される。

西南の役では、政府側だけが海軍をもち、一方的に九州周辺海域の海上権を掌握し、警備、輸送、通信、陸軍の掩護、海岸の砲撃などの任にあたった。海軍直属の艦船は「龍驤」「春日」「清輝」「鳳翔」「丁卯」「玄武丸」「静岡丸」の七隻だが、民間船などを含め十九隻を運用した。薩軍は、熊本に進撃した当初は汽船で武器・弾薬を輸送したが、その後は政府側に海上を封鎖された。

4　統一の原則（Unity of Command）

指揮の一元化が統一の原則の根本である。明治維新からおよそ十年、近代国家への遠い道を一歩踏み出したばかりの新政府は、全国各地に駐屯する部隊を動員し、九州の山野に戦力を集め、これらを一元的に指揮するためにどのような措置を講じたのであろうか。〝通信は指揮の命脈である〟といわれる。当時急速に発達していた有線電信が、政府軍の勝利に貢献した度合は決定的であった。

二月十九日午前九時、西京局発信、熊本局着信、三条太政大臣発、熊本県あて、

官報

ヲタツブン　カゴシマケンボウト　ヘイキヲタヅサエ　ソノケンカヘランニウ　ハンセキケンゼンニツキ　ホンジツセイトウ　ヲヲセイダサレタリ　コノムネアイタツス

（御達文　鹿児島県暴徒　兵器を携え　其県下へ乱入　犯跡顕然につき　本日征討仰せ出されたり　此旨相達す）

二月十九日、政府は薩軍の挙兵を承知するや、有栖川宮熾仁《たるひと》親王を征討総督とし、山県有朋、川村純義の両中将を陸・海軍の征討参軍に任じ、出動を命じた。右はその旨を熊本県に通達した電報文である。

一八三七年、アメリカ人モースにより実用にたえる有線電信が完成。有線電信が軍事用通信に本格的に採用されたのは、クリミア戦争（一八五三〜五六年）からである。わが国に電信機が渡来したのは、嘉永七（一八五四）年のペリー提督二度目の来航時で、同年にオランダ国王からも幕府に電信機が献上された。翌年七月二日、わが国で初めてモールス符号によるカナモジの送受信の実験がおこなわれた。

明治二（一八六九）年十二月二十五日、東京・横浜間で一般電報が扱われるようになった。明治四年十一月東京と長崎を結ぶ架線工事が開始され、明治六年四月には東京から長崎まで千四百三十キロの電信が開通した。佐賀の乱（七年二月）が起きたとき、「クマモトチンダイヘイト　サガケンカンゾクト　サクヤヘイタンヲヒラキタリ」という開戦の情報は、福岡から東京まで三十分足らずで届いた。

明治八年三月、電信線は佐賀から分岐し、久留米を経て熊本に達し、三月二十日熊本分局、七月一日久留米分局が開局した。西南の役が勃発する直前に、九州の最要点である熊本まで幹線通信網が延長されていた。明治十年二月十九日、征討詔書の発布と同時に全国私報の通信を停止し、熊本分局を鎮台営中（熊本城内）に移した。

戦争指導には政府―出征軍―現地部隊の一元的な指揮系統が不可欠である。政府は天皇が行幸中の京都行在所《あんざいしょ》を前進本営とし、征討軍司令部は福岡から九州全般の指揮を執った。この指揮系統の命脈を担ったのが幹線通信網だ。

電信は工部省（のちの逓信省）の管轄であったが、陸軍軍団においては軍電（軍事電信）を設け、主として旅団以上の通信に利用した。工部省の幹線通信網と軍電の緊密な連携により、電信通信の威力がいかんなく発揮された。戦線の南下と共に電信線も南へ延長され、鹿児島までの電信線が開通したのは明治十年八月十日だった。

西南の役当時、郵便制度と飛信制度は本州・四国・九州の全域に及んでいた。郵便物の輸送は脚夫の足で一時間十キロを基準とした。脚夫による公用の速達郵便が飛信である。また横浜・長崎・函館・神戸・新潟の主要港湾都市には郵便役所が設けられ、郵便船（郵船）が就航していた。

政府は有線電信、郵便・飛信、郵便船などを最大限に活用したのはいうまでもない。一方の薩軍の通信手段は郵便と伝令に限定され、全般情勢の掌握や戦略の策定には大いに支障があったものと推測される。


九月二十四日午後三時三十分、鹿児島局発信、福岡局着信、鹿児島県令発、福岡県令宛、官報

ホンジツクワングン　カゴシマシロヤマエコウゲキ　ソククワイサイゴウタカモ

リ　キリノトシアキ　ソノタウチトリ　アルイハコウフクイタシソロ　コノダンゴツウチニヲヨビソロ
（本日官軍　鹿児島城山へ攻撃　賊魁西郷隆盛　桐野利秋　その他討ち取り　あるいは降伏致し候　この段御通知に及び候）

5　簡明の原則（Simplicity）

明治六年に徴兵令を発布して中央集権国家にふさわしい国軍を創設し、その四年後に、新国軍の総力を挙げて薩軍と戦うという試練をむかえた。政府は、北海道の屯田兵はじめ全国各地に駐屯する鎮台兵を九州の地に集め、混合編成の旅団を編成し、当時最強と思われていた旧薩摩武士団と相対したのである。

臨時編成の旅団は、各地から参集した混成チームだったが、結論からいえばよく戦った。このことは、新国家の軍事制度、新国軍の教育訓練が適切で、徴兵制度下の鎮台兵が一定のレベルに達していた証左である。全国の部隊が同じ運用思想の下で、同じ訓練を受け、混成チームでも混乱することなく戦えた。

維新政府にとって、全国を実力で統制するために、強力な直属の軍隊を養成することが喫緊の急務であった。明治四年二月、鹿児島・山口・高知三藩から献上された六千人をもって御親兵（のちの近衛兵）を編成し、七月に廃藩置県を断行し、八月に各藩士族を解散して、志願者を東京・大阪・鎮西（熊本）・東北（仙台）の各鎮台に充当した。

この間、欧米の軍事視察を終えて帰朝した山県有朋や西郷従道らが兵部省にはいり、兵制の改革を進めた。陸軍はフランス式、海軍はイギリス式を採用することに統一し、国軍の方向が定まった。新国軍の編成充実のためには、軍幹部（将校と下士官）を養成し補充しなければならない。このため、新政府は有為な人材を海外に派遣し、先進国の知識技能を修得させるとともに、国内でも幹部の養成をはじめた。

新政府は維新と同時に各種学校を設置し、明治六年に下士官要員を養成する教導団、七年に陸軍士官学校、八年には陸軍幼年学校・陸軍戸山学校が独立した。海軍将校養成のために明治二年東京築地に海軍操練所が設置され、その後海軍兵学寮、海軍兵学校と改称され、明治十九年広島県江田島に移転した。

以上のように、国軍の制度、学校教育、新兵器の輸入普及などが進み、部隊の戦闘訓練の内容・質も逐次向上したのである。明治七年の佐賀の乱、九年の熊本神風連の乱、山口県萩の乱、福岡県秋月の乱などが相次ぎ、政府は鎮台兵を以てこれらを鎮圧した。西南の役が勃発したのは、このような新国軍の揺籃期《ようらんき》であった。

徴兵が、出身地方を異にする他隊の徴兵とまじわり、生死の境において協力することになったという点で、これは画期的なことであった。それまで、近衛兵だけは、全国各隊から優秀な熟兵を集めて編制したので、各地の出身者がまじっていたが、一般の隊は、それぞれの師管から兵を徴していたので、地域性が強く、平民でも旧藩の意識をかなり残していた。

神戸で——東京と大阪の台兵たちは、互いに言葉つきが全く違い、ものごしもどこか異なる兵卒が、自分らと全く同じ号令で、全く同じ動作をするのを発見して、驚いたり感心したりしていた。(『田原坂』——軍旗喪失前後)

新手の敵と誤認したのか、城内から、二発、三発、福富隊をめがけて砲を発してきた。本隊を率いて先発隊に踵《つ》ぎ進んできた山川中佐は、城内からの誤報に気づくと直ちにラッパ手に命じて停射の譜を奏せしめ、隊の歩度を緩めさせゆっくりと長六橋に達した。そこで隊伍を整え、自ら号旗を打ち振り、粛然として山崎練兵場に向かって行進を開始した。

城兵は、粛然たるその一隊が、すべて官軍定制の軍服を着用し、先頭の将校が官軍の号旗を手にしているのに気づいた。官軍戦死者の軍服を奪ってきている薩兵ではない。将校の服を着ている者は将校の位置につき、下士の服を着ている者は下士の位置に、兵卒の服のものは兵卒の位置に、整然とその在るべきところに列して、粛々と行進してくる。紛うところなき、真正の官軍であった。(『田原坂』――八新緑)

このエピソードから、教育訓練の行き届いた鎮台兵の様子が彷彿《ほうふつ》する。ラッパ、旗を使用する連絡・通信、軍隊礼式などが全国の鎮台にあまねく徹底されていることを裏付けてくれる具体例で、簡明の原則そのものである。橋本昌樹著『田原坂』(中公文庫)は、西南の役を経験することによって脱皮していった開化期の青年たちのすがたを書き残しておこう、という著者の執念が結晶した文学書である。国内がいまだに混沌としていた時代の、国軍草創期における将校・下士・兵卒などが生き生きと描かれている。

6　警戒の原則（Security）

警戒の原則とは、敵を撃つために、まず、自隊の安全を確保しようとする、部隊行動の条件的な原則である。部隊が、敵に奇襲されることなく行動の自由を保持しながら、「敵の戦意を破砕する」という本然の目的に専念するために、重視すべき原則である。

政府は全国の鎮台を根こそぎ動員した。金沢城内を営所とする歩兵第七連隊は、従軍に堪ええない病人やわずかの留守業務処理要員を残して、三個大隊の全力が出動した。営所はがらんどうで、不満分子などに襲われるとひとたまりもなかった。

旧加賀百万石のお膝元で、新政府に不満をつのらせている石川県士族が、西郷軍に呼応して決起しようとする動きがあった。新政府の実力者である右大臣岩倉具視・内務卿大久保利通は、旧藩主の前田氏（華族となり東京に在住）に強く働きかけて、不穏分子の蜂起を抑え込んだ。結果的には、連隊の将兵が凱旋するまで、何事も起こらなかった。

出動した部隊は、根拠地に後ろ髪を引かれるようでは、安んじて任務を遂行できない。後顧の憂いを完璧に排除することが、警戒の原則の眼目である。後日談であるが、蜂起を抑え込まれた石川県士族の一部は、翌明治十一年五月十四日、紀尾井坂で太政官へ出仕途中の大久保利通を襲撃し暗殺した。

既述のように有線通信が政府軍勝利に大きく貢献した。政府軍の電信が薩軍に盗聴され、あるいは薩軍に好意を有する者から内容が漏れると、政府軍の行動に大いに支障をきたすことは自明の理である。また電信線が切断されると、通信が途絶し、やはり政府軍の指揮に問題が生じる。これらを防止することは、まさに警戒の原則そのものである。

二月十八日午前九時四十五分、福岡県令発、西京内務卿宛、暗号電報

（暗号文）メヒタロリキホヌマンヌン　メユムレムフヌフ　ユセコノヤンワムヨヘユンスネセヘルフケユネミキム　バンソレワヲヘヲ

（翻訳文）サツヘイヲヨソニセンニン　サクジウシチニチ　クマモトケンアシキタグンミナマタエチヤクナスヨシ　デンホウアリタリ

（薩兵凡そ二千人　昨十七日　熊本県芦北郡水俣へ着なす由　電報ありたり）

この暗号は換字式《かえじしき》暗号であり、電報送達紙の暗号文に訳文が併記されていた。新政府は電信開通当初から暗号を使用した。『西南の役と暗号』によると、当時の政府暗号には陸軍省暗号、内務省暗号、大蔵省暗号、警視局暗号、司法省暗号などがあった。

〝もし薩摩軍が政府暗号の解読に成功していたら〟という仮定は興味のあるところであるが、ここでは触れないことにする。むしろこの仮定以前の問題として、かりに薩摩軍にその能力があったとしても、彼らは「ひとの信書の秘密を侵すような卑劣な行為」を潔しとしなかったであろう。まして、その結果を利用して、百姓徴兵からなる鎮台兵を兵糧攻めにするなど、薩摩隼人の誇りが許さなかったと思いたい。
（長田順行著『西南の役と暗号』菁柿堂）

閑話休題
本稿では経済の原則と奇襲の原則に触れなかった。西南の役は、西郷隆盛を擁して決起した薩摩士族の反乱を、政府軍が総力を挙げて鎮圧した国内戦である。薩軍は一団となって戦い、政府軍も全力でこれを攻撃した。そこには主力と一部という概念はなく、経済の原則を考慮する余地はない。

また、武士道の残滓が見られた時代の国内戦で、薩軍による可愛岳《えのだけ》の正面突破のような局地的な奇襲はあるが、全体的には正面からがっぷり組む正規戦に終始し、奇襲の原則も考察の対象とはならない。

激戦地田原坂の丘上に「弾痕の家」と称する資料館があり、「行き合い弾」が資料として展示されている。政府軍は一日に平均三十二万発の銃弾を撃ち、「行き合い弾」は田原坂をめぐる薩軍と政府軍の銃撃戦の激しさを物語る生き証人である。

薩軍の戦役全体における小銃弾の補給数は総計三百万発で、政府軍の三千五百万発のおよそ十分の一である。政府軍の弾薬数は日露戦争での日本軍の三分の一といわれ、政府軍がいかに小銃火力に頼っていたかを証明している。

田原坂の激戦が物語るように、政府軍は突撃力の不足を小銃射撃の弾量でカバーしようとした。しかしながら、小銃火力のみで陣地に拠って防御する敵を撃破することは困難で、砲兵火力の集中発揮が必要だが、その努力のあとは見られない。

ともあれ、西南の役を契機として、国内治安維持用の鎮台は、やがて外征軍の師団へと成長してゆく。徴兵による鎮台も精兵たりえることを証明したが、西南の役における新国軍の白兵に依存する戦い方は、体質として帝国陸軍に受け継がれ、真の意味の近代軍に脱皮することなく、太平洋戦争の惨敗、国軍の解体へとつづく。

八甲田山雪中行軍に見る「戦いの原則」

――冬期研究演習・雪と寒気との戦い――

明治三十五（一九〇二）年一月二十五日、北海道上川測候所（現旭川地方気象台）で摂氏マイナス四十一・〇度が記録された。同日、青森歩兵第五連隊の雪中行軍隊は、八甲田山麓の荒れ狂う暴風雪の中で彷徨《ほうこう》二日目をむかえていた。弘前歩兵第三十一連隊雪中行軍隊は十和田湖東方の山地を三本木（現十和田市）へ向かっていた。

弘前に司令部を置く第八師団は明治三十年に創設され、青森、弘前、秋田の屯営に歩兵連隊を配置している。北海道の第七師団（旭川に司令部）と青森の第八師団は、創設以来、冬期積雪寒冷時における各種研究を師団に与えられた基本的な責務と心得、冬期（研究）演習を積み重ねていた。

明治三十五年は日露戦争開戦二年前で、満州の酷寒の地における対露作戦が既定の

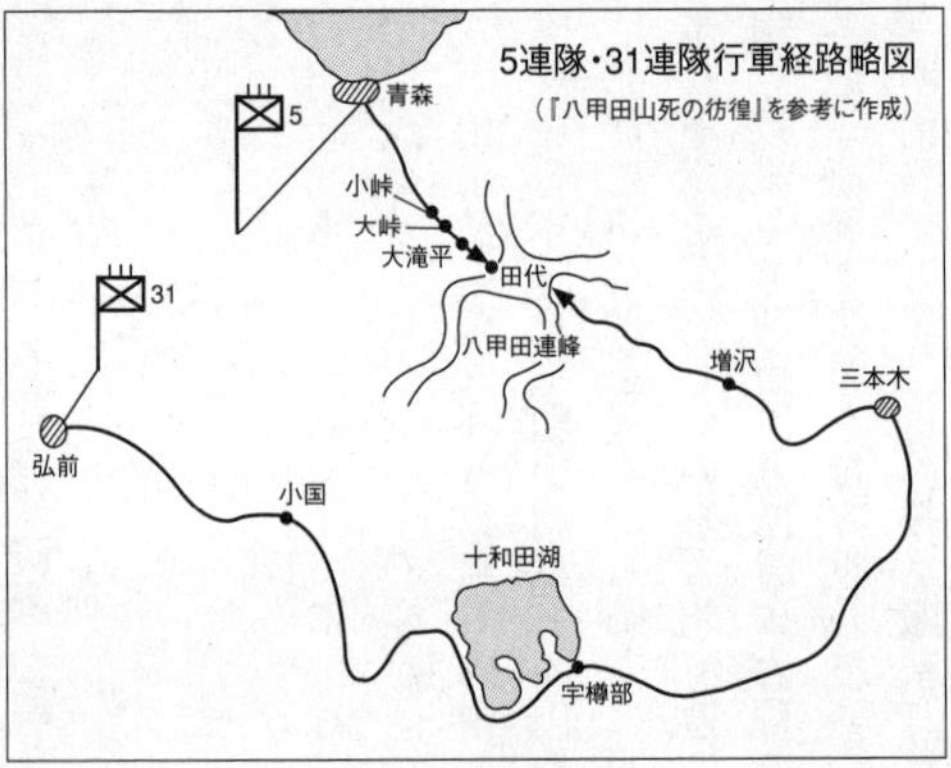

5連隊・31連隊行軍経路略図
（『八甲田山死の彷徨』を参考に作成）

路線となっていた。明治二十七、八年の日清戦争において、厳寒の遼東半島で凍傷患者四千人を出すという痛恨の事例があり、寒気と雪を克服する具体策が焦眉の急となっていた。歩兵第五連隊と歩兵第三十一連隊が同時期に八甲田山麓で雪中行軍を行なった背景には、日露間の緊張した国際情勢があった。

　五連隊は青森の屯営から直接八甲田山に踏みこみ、三十一連隊は弘前の屯営から十和田湖南岸を大きく迂回し、八日目に最難関の地に踏み込んだ。一方は全滅し、他方は成功するという明暗に分かれたが、冬期研究演習という視点で、「戦いの原則」というフィルターを通して、何故このような結果になったのか分析してみたい。

　旭川で観測されたマイナス四十一・〇度は、日本最低気温の公式記録として今日も破られていない。昭和六年一月二十七日、北海道歌登町（現枝幸市）でマイナス四十四・〇度まで下がり、最低気温の参考記録となっている。

私事になるが、昭和五十五年一月末、氷点下二十度を超す北海道上富良野演習場において「陸幕指命冬期ＲＴＦ（連隊支隊）演習」に参加した。積雪寒冷時に通常の編成でどのような戦闘が可能かを検証する研究演習であった。二年間職種部隊ごと訓練を積み重ね、最終的に連隊戦闘団レベルで冬季作戦行動を行なった。

このような研究演習は、今日の陸上自衛隊でも、地域の特性に応じたテーマを設けて地道に行なっている。第九師団（青森に司令部）は、昭和四十年以来「八甲田演習」を毎年実施し、雪国の部隊としての責務を果たしている。

明治三十五年の研究演習は実戦ではないが、深雪・大暴風雪という冬期の気象との戦いである。戦いである以上、そこには「戦いの原則」が適用され、原則に忠実なものは勝ち、原則にもとるものは敗れる、という冷厳な事実が感得される。

本稿は『遭難始末　歩兵第五聯隊』（復刻限定版、昭和五十二年発行、稽古館）、『新版陸奥の吹雪』（昭和五十八年発行、第九師団）、小笠原孤酒著『吹雪の惨劇』（私家版、成田本店）などを主として参考にした。

1　目的の原則（the Objective）

第五歩兵連隊長津川大佐が第一大隊長山口少佐に示した行軍の目的は「雪中青森ヨリ田代ヲ経テ三本木平野ニ進出シ得ルヤ否ヤヲ判断スル為メ、田代ニ向テ一泊行軍ヲ行ヒ、若シ進出シ得ルトセバ、戦時編成歩兵一大隊ヲ以テ青森屯営ヨリ三本木ニ至ル行軍計画並ニ大・小行李特別編成案ヲ立ツル」ことであった。連隊長は雪中行軍実施の件を師団に具申し、師団長の了解を得て、一月下旬に実施するよう指示した。

雪中行軍の目的は二段階に分かれている。第一段階は、冬期一個大隊規模の部隊が青森から田代を経て三本木に進出できるか否かを判断することである。進出できると判断した場合は、第二段階で戦時編成の一個大隊による行軍計画を策定し、大・小行李（兵站部隊）の編成案を確定することである。

山口大隊長は第一段階の判断のため、神成大尉に細部計画を作成させ、一個中隊をもって田代街道を小峠に向かって予行行軍を命じた。この行軍は、二十名編成のカンジキ隊を先頭に、本隊は防寒衣服にワラ靴をはき、後尾に百二十キロの資材を積載したソリ一台を曳かせ、十キロを往路四時間、復路二時間で順調に行なわれた。天候は

雪中行軍の目的

連隊長	①冬季、大隊が青森から田代を経て三本木に進出できるか否かを判断 ②戦時編成の大隊の行軍計画を策定し、大・小行李の編成案を確定する
大隊長	大隊古兵（基礎訓練を終えた者）により田代に一泊行軍を行なう
中隊長	①田代街道を三本木に進出する通過の難易を実部隊の行軍により験する ②行李運搬法の研究

快晴で、積雪は一〜一・五メートル、雪の表面は固く良好であった。

山口大隊長は、予行行軍の結果を見て、屯営・田代間二十キロを一日の行軍で実施することは不可能ではない、途中の天候・気象の状況により到着できない場合は露営すればよいと判断して、一月二十三日から雪中行軍を実施するに決した。大隊長が主任中隊長の神成大尉に「行軍命令」を下達したのは実施二日前の一月二十一日である。

山口大隊長は命令の冒頭で「明後二十三日ヨリ大隊古兵ヲ以テ田代ニ一泊行軍ヲ行フ依テ諸事左ノ通リ心得べシ」と述べ、以下、行軍参加者、行軍部隊の編成、行軍出発時の整列（二十三日午前六時三十分）、服装・携行品、輸送員（行李）の差出を具体的に指示している。この行軍命令には研究に関する事項は一切ない。

神成中隊長が作成した実施計画（後刻中隊長の懐中から回収された）には、行軍の目的を「積雪ノ時期ニ於テ田代街道ヲ三

雪中行軍隊編成表

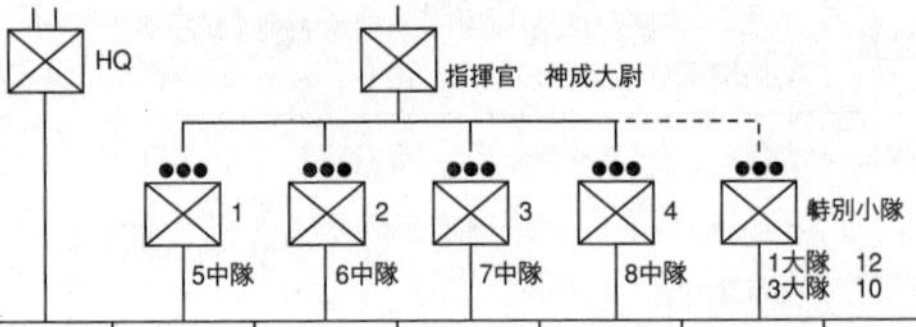

将　校	2	2	2	2	4		12
准士官		1	1	1	1		4
下士官	2	4	3	3	4	22	38
兵　卒		40	38	38	40		156
計	4	47	44	44	49	22	210

本木ニ進出スル其通過ノ難易並行李運搬法ノ研究」としている。これは連隊長が示した雪中行軍の目的を達成するための具体的な目標に相当する。計画には出場人員、編成、行軍序列、服装及携帯品、行李編成、携行炊事具員数表、携行すべき器具材料並糧秣、研究事項の分担が記載されている。

雪中行軍隊は四個小隊の中隊編成（神成大尉が指揮官）で、小隊は第二大隊の中隊（第五・六・七・八中隊）から各一個小隊が選抜された。第二大隊本部（山口大隊長）が随行し、連隊の第一大隊、第三大隊の選抜者で特別小隊を編成した。行李は小隊から各十四人の兵卒を抽出して輸送隊（指揮官は炊事掛軍曹）を編成した。雪中行軍の参加者は、山口大隊長以下二百十人である。

目的は決定的な意義をもち、かつ達成可能であるという条件を充たすものとして設定する。確立

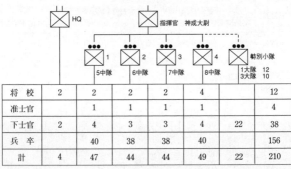

した目的に対しては、最大限の努力を結集し、あらゆる妨害を排除して、強烈な意志をもってあくまでこれを達成しなければならない。連隊長、大隊長、中隊長の雪中行軍の目的は、大きな枠では一致しているが、研究演習というフィルターをかけると、大隊長と中隊長の意識の乖離《かいり》は大である。

山口少佐の意識は行軍を実施することに集中し、研究への関心はほとんどなかった。神成大尉や永井三等軍医は研究の具体的なテーマを検討しているが、行軍の編成などに反映されておらず、机上のプランに過ぎない。各小隊長は自分のテーマの事前研究等の時間が必要であろう。行李の編成の実体は、炊事掛軍曹を長とする臨時編成で、しかも出発当日に編成を完結しており、行李の研究とは無縁であった。

疑義のない目的を共有し、これを達成するための明確な目標を設定し、目標の達成に組織の全力を集中することが本質である。第五歩兵連隊の雪中行軍隊は、研究演習であるという目的の共有化がなされず、一泊行軍という安易な意識で、事前準備も不十分なまま、いきなり修羅場に突入した。五連隊の隊員は宮城県、岩手県出身の徴募兵が大半で、八甲田山の局地気象に関する認識は一般に低かった。

雪中行軍隊は参加者二百十人のうち百九十三人が凍死するという最悪の結果となった。冒頭に述べたような異常な気象条件が直接の原因であるが、これを未曾有の暴風

研究事項の分担（神成大尉計画書）

歩兵一大隊三本木迄進出するものとして行李運搬の研究	鈴木少尉
歩兵一大隊三本木迄進出するものとして宿営の研究	水野中尉
歩兵一大隊三本木迄進出するものとして行進法の研究	大橋中尉
衛兵の研究	田中見習士官
炊サンの研究	伊藤中尉
携行すべき需用品の研究	中野中尉
路上測図	今泉見習士官
衛生上の研究―兵糧、防寒法、凍傷予防法、疲労の景況、患者の処置	担任者不明

雪中行軍時衛生上の調査予定項目（永井軍医の机中から発見されたもの）

1	気象（天候、気温、風力、風向）
2	行程及び行進の難易、積雪の深浅及びその性状
3	携帯品目及びその負担量
4	疲労飢餓口渇の度、体重の増減
5	被服と寒気体温（発汗）との関係
6	耳掩眼鏡の必要有無及びその効力実験
7	靴代用品の実験
8	露営地特別摂暖法の顧慮実験
9	水筒、米飯の防寒携帯法及びその内容物の凍氷実験 水筒には酒を加えたる水、塩湯、麦湯及び湯を入れて験す 飯盆、飯骨柳、握飯の三物に付験し背嚢内に入れたるものと区別比較す
10	飲食の多少と防寒の関係
11	患者の景況
12	患者運搬法

（『遭難始末　歩兵第五聯隊』）

雪と片付けるのであれば犠牲者は浮かばれない。遭難事件後、陸軍省は「遭難事件取調委員会」を設置し、調査を行なった。この遭難の教訓から、日露開戦に備えて個人被服、装具などが改善されたという。研究演習の成果はこのような形で生かされたが、死をもってあがなうにはあまりにも大きな犠牲であった。

同時期に、歩兵第三十一連隊の福島小隊が二百キロ以上におよぶ長距離の雪中行軍を行ない、一名の犠牲者を出すことなく八甲田山系を踏破している。『陸奥の吹雪』は成功の原因を「参加者が選抜された者でかつ大部分が青森県出身で八甲田の気象特性を十分理解し、しかも土地の事情に詳しい道案内人を雇いつつ行軍を続け、猛吹雪にあっては彷徨することなく天候の回復を待ったことにある」と分析している。

2　統一の原則（Unity of Command）・簡明の原則（Simplicity）

一人の指揮官に必要な権限を与える場合、統一はもっとも容易となり、軍隊の指揮系統はその最たるものだ。簡明の原則とはシンプル・イズ・ザ・ベストで、このためには、明確な目標を確立し、手順、手続き等の標準化・斉一化を図り、部隊行動を練成しておくことが不可欠である。このよう観点から雪中行軍隊の組織をながめると、いくつかの問題点が指摘できる。

先ず、第二大隊長山口少佐が教育主座として同行している。山口少佐は雪中行軍隊の指揮官である神成大尉（第五中隊長）の直属上司である。山口大隊長が同行する目的はつまびらかではないが、中隊長にしてみれば、大隊長の同行は重い。

中隊は四個小隊編成で、各小隊は第二大隊の各中隊からの選抜兵である。特別小隊の位置づけも明確ではなく、この小隊は第一大隊、第三大隊から選抜された下士で構成されている。端的にいえば、神成中隊は全連隊からの寄せ集め集成中隊で、しかも行軍出発当日に編成を完結している。

輸送隊（行李）は、特別小隊を除く各小隊から十四人を差し出し、大隊本部の炊事掛軍曹が指揮。輸送隊はソリ十四台で鍋などの炊事具、糧食、木炭などを運搬する兵站部隊。ソリは四人で曳く。輸送隊の位置づけ、指揮関係も不明瞭。

雪中行軍隊が、天候に恵まれ、深雪に悩まされながらも、おおむね計画通りに田代に到着したならば、この編成で何ら支障はなかったであろう。しかしながら、天はそれを許してくれなかった。早速、小峠で問題が露呈した。

六時五十五分に青森屯営を出発した雪中行軍隊は十一時半頃小峠（海抜三百九十メートル）に到着した。田茂木野《たもぎの》付近から傾斜が急となり、行李は遅れがちであった。

小峠丘麓からは四人でソリを運搬することが不可能になった。行軍隊は小峠で二十分間休息するが、このころから天候が急変し、風雪が強まり寒気が加速した。

永井三等軍医は、

「只今は零下十一度を記録しとります。風速一米《メートル》毎に体感温度が一度ずつ加算されますから、隊員の体感温度はもう限界にきている様であります。当然のことながら、凍傷患者の続出してくることも充分予想されます。具体的に申し上げますとここで一旦原隊に引き返し、さらに重装備に身を固めてから出発した方が、現在のままで進みますよりはるかに成功の確率が高い……」

と神成中隊長に具申した。中隊長は永井三等軍医の意見に心の中では同意であったが、

「この際小官は指揮官ではございますが、大隊長殿の適切な御判断と御命令に従います」

と雪中行軍隊に同行していた山口大隊長に決心をゆだねた。（『吹雪の惨劇』）

天候の急変は重大な考慮案件であるが、山口大隊長が「予定どおり田代を指して出

発する」との決断を下し、行軍隊全滅の悲劇へと一歩踏み出した。

この状況においては、神成中隊長が行軍隊指揮官として信念をもって決心し、結論を大隊長に報告し、必要な指導を受ければよかったのではなかろうか。随行した大隊長との指揮関係のあいまいさがはやくも露呈し、二頭の鷲の指揮となり、権限と責任の所在がうやむやとなった。ただし、屯営を出発してから五時間、行軍中止という重い決断ができるのか、という難しさは否定できない。

小峠における状況判断で、神成中隊長は集成中隊の能力がわからず迷ったにちがいない。同時に、全連隊から選抜された兵卒をあずかっているがゆえに、「行軍を中止する」との決断を下せなかったのではないか。上に随行の大隊長をいだき、下に寄せ集めの隊員をあずかり、決断を躊躇《ちゅうちょ》した指揮官の孤独がかいま見える。

3　奇襲の原則（Surprise）・警戒の原則（Security）

一月二十四日は旧暦の十二月十二日、津軽地方の人々にとって猟師、樵夫《きこり》といえども山の怒りを恐れて山に入ることをつつしむ「山の神の日」であった。地元住民の忠告を無視して、前日の二十三日から八甲田山に踏み込んだ二百十人の雪中行軍隊に対して、山の神は「大暴風雪という自然の怒り」をもって気象的な奇襲をかけ、数日間これでもかとたたみかけた。八甲田山麓という戦場で、山の神は、絵に描いたような奇襲の原則を演出し、雪中行軍隊に対応のいとまを与えることなく、完膚なきまでに叩きのめした。

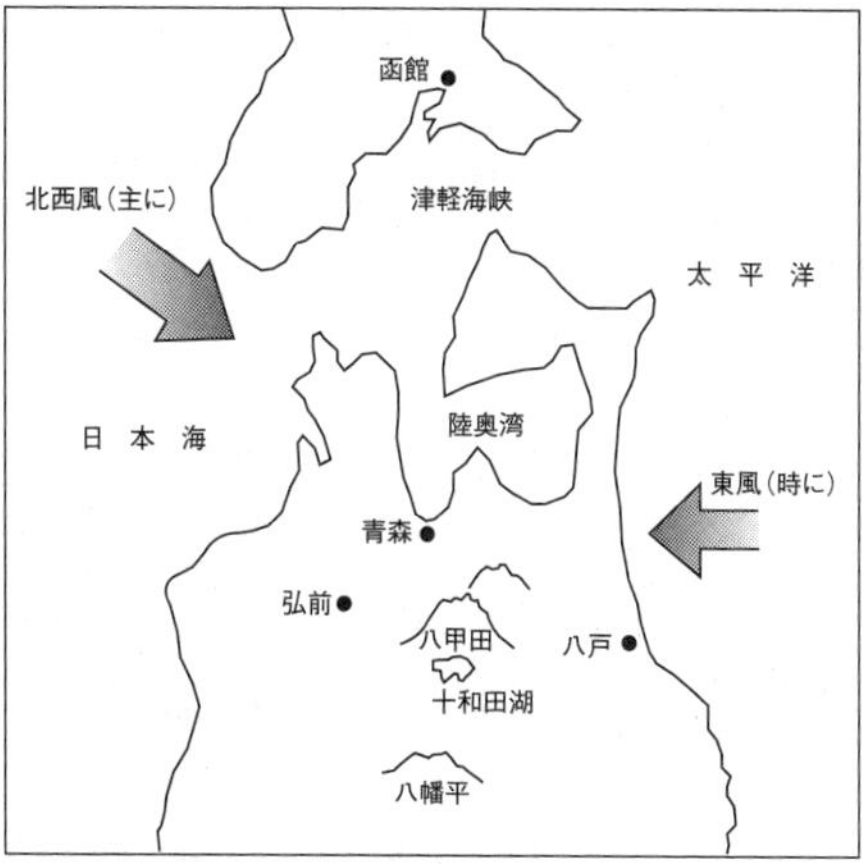

知彼知己者、百戦不殆（敵を知り己を知れば、百戦危うからず）と孫子の兵法にある。敵を知り、十分な準備をして戦いに臨むことにより、戦場での予期しない奇襲を避けることができる。かくして部隊は安んじて本来の目的に邁進できる。雪中行軍隊の敵は八甲田の山の神（局地気象）である。雪中行軍隊は、山の神の奇襲を排除して行動の自由を確保し、目的地である田代に安全に到着しなければならない。この点に大いにぬかりがあった。

青森県は本州の最北端に位置し、八甲田

山系を中央に、三方を日本海、津軽海峡、太平洋で囲まれ、南に八幡平の山系が控え、特に冬期（一、二月）の局地気象には想像を絶するものがある。冬期の恒風はシベリア大陸から日本海を経てくる北西風が多く、時には太平洋からの東風もみられる。青森平地では微風でも、馬立場付近では常時二、三十メートルの強風が吹き、地形により風向は一定しない。

雪質は水分が多く、北海道のようにサラサラした粉雪は比較的少なく、降雪量は大で、場所によっては五メートルを超えることもある。寒気は北海道ほどの厳しさはないが、急激な気象の変化にともない、湿雪や強風の影響と相まって、きわめて危険な状況が発生するという特性がある。

青森測候所は明治十五年に創設され、専門機関としてのデータも蓄積されていたが、これらが活用された形跡はない。雪中行軍隊が田茂木野で、地元民から「道案内がなくて田代に行くのは困難である」と言われ、「金が欲しくてかく申すか」と一蹴したと記録されている。局地気象を熟知する現地住民から情報資料を収集し、計画に反映させるという着意を欠いていたことも事実であろう。

第五連隊は、明治二十三年（酸ケ湯を経て十和田湖畔に至る雪中行軍）、三十二年（小河原沼における氷上通過訓練）、三十三年（高野村、小湊、五本松における雪中行軍）、三十四年（田代を経て三本木に進出する計画を立てたが実現せず）と冬期における研究演習を実施している。研究演習は積雪寒冷地の部隊としては当然のことであるが、これらの経験が、明治三十五年の雪中行軍に何ら生かされていないように思われる。

　研究演習に参加した部隊や隊員は貴重な体験やノウハウを得るが、これらは暗黙知にとどまり、形式知に転換して広く周知することが困難である。貴重な暗黙知をマニュアル化し、装備の改善に結びつけなければ、形式知につながらない。雪中行軍隊の準備状況などから、この点が欠けていたことが推察できる。

　三十一連隊は、前年冬の岩木山（標高千六百二十五メートル）踏破の経験を、編成、服装、装備などに生かし、常時現地の案内人を雇用し、山の神の奇襲への備えができていた。最難関の八甲田山麓を通過した一月二十七日から二十九日の間、七人の現地案内人を雇用し、用意の周到さがうかがわれる。

　山の神という敵を知り、敵の可能行動を冷静に分析し、最悪の事態を予想して、対応策を重層的に準備することにより奇襲を防止できる。五連隊と三十一連隊の明暗を分けたのは、〝知彼知己者、百戦不殆〟であった。

4　主動の原則（Offensive）

戦いは指揮官同士の意志の戦いである。青森五連隊の研究演習の場合は、雪中行軍隊指揮官と山の神の意志の戦いである。いずれかの指揮官が「勝った」あるいは「負けた」と意識したときに勝敗が決まる。

この時、先頭をきって指揮を執っていた神成大尉は、暗澹たる吹雪の中で指揮刀を振りかざしながら、

「天はわれわれを見捨てたらしいッ、俺も死ぬから、全員昨夜の露営地へ帰って、枕をならべて死のう！」

と絶叫した。この一言で、隊員たちは団をなして斃れ、士気は著しく低下していった。（『吹雪の惨劇』）

一月二十五日朝、行軍隊指揮官が敗北を宣言した瞬間である。この一言が、指揮官についていけば生きる道がある、と信じていた隊員の希望をうちくだいた。雪中行軍

隊は最後の気力を失い、総崩れとなった。

「天はわれわれを見捨てたらしい」という中隊長の魂の叫びが、強く胸にせまる。一月二十四日の四十二人にひきつづき、彷徨二日目のこの日、百五人の隊員が寒気と風雪の中にたおれた。このころ、烈風の猛威はすさまじく、寒気は次第に凛冽《りんれつ》となり、その惨状は地獄の様相を呈するにいたった。

雪中行軍隊が最初に露営した二十三日深夜から気温が急降下し、風雪が激しくなり、二十五日にはマイナス二十七度を記録し、風速も毎秒二十九メートルに達していたようである。この気象状況における体感温度はマイナス五十度を超え、人間として一刻も我慢できない状況をはるかにオーバーしていた。

明治三十五年七月発行の公式報告書『遭難始末』は、事実に忠実であり、軍事的にも貴重な資料と評価されている。が、神成大尉が叫んだ「天はわれわれを見捨てたらしい」の言葉は記録されていない。おそらく、関係者の証言の採集が不十分であったか、あるいは、意図的に取り上げられなかったのであろう。

であるが、行軍隊指揮官神成大尉は、最後まで陣頭にたって行動し、「神成大尉ノ一群六、七名ハ幸イニシテ帰路ヲ発見セシモ大滝平ニ至リ終ニ斃ル」と報告書にあるように、一月二十六日、八甲田山麓の雪の中で殉職した。雪中行軍に参加した青森歩兵第五連隊の将校・下士・兵卒ほぼ全員が「疲労凍死」した。

5 機動（Maneuver）の原則

冬期研究演習という観点から、雪中行軍を遭難者の救助活動まで広げて、機動の原則を考えてみたい。五連隊は一月二十六日から救援隊を派遣して救助活動を試みたが、拙速のきらいがあり、二重遭難の恐れが強く認識され、二十七日から連隊の総力を挙げて本格的な捜索救護活動に着手した。

五聯隊ではまず田茂木野に捜索本部を置き、八甲田山方面に対して順次捜索基地をおし進めて行く方法を採った。これは現在の登山術でいうところの極地法であり、最も当を得た手段であった。前進基地には第八哨所、第九哨所のように番号をつけたり、鳴沢哨所のように地名をつけたり、高橋哨所、塩沢哨所のように指揮官の名前をつけたりした。哨所間は電話で結ばれた。

哨所は雪濠であった。雪濠の中で寝泊まりができるようにして、次々と捜索隊員を送り込んで行った。連日の吹雪の中の作業であった。しかし、物量と兵員をつぎ込んだ死にもの狂いの作業によって、後藤伍長（小説では江藤伍長）が発見された二十七日から数えて四日目の三十一日には、鳴沢哨所の捜索員によって、鳴沢の炭焼き小屋にいた四名が救助されたのである。現在の山岳遭難事故の救助速度と照らし合わせて見て、いささかも遅滞感はない。（新田次郎著『八甲田山死の彷徨』新潮社）

故新田次郎氏は『八甲田山死の彷徨』を、『遭難始末』と『陸奥の吹雪』を参考資料として、小説として書いた、と明言している。小説であるからフィクションもあるが、気象学者の筆らしく、大暴風雪の状況下の遭難の描写には鬼気迫るものがあり、筆者は北海道での寒冷時の訓練などに大いに参考にした。連隊（後に師団）が総力を挙げて実施した捜索救護活動の如き態勢で臨まなければ、あの気象条件下においては雪中行軍の成功はあり得なかった。逆説的ではあるが、このことが、冬期研究演習の最大教訓であろう。

雪中行軍の目的は、①冬期一個大隊規模の部隊が青森から田代を経て三本木に進出できるか否かを判断すること、②進出できると判断した場合は、戦時編成の一個大隊による行軍計画を策定し、大・小行李（兵站部隊）の編成案を確定することであった。

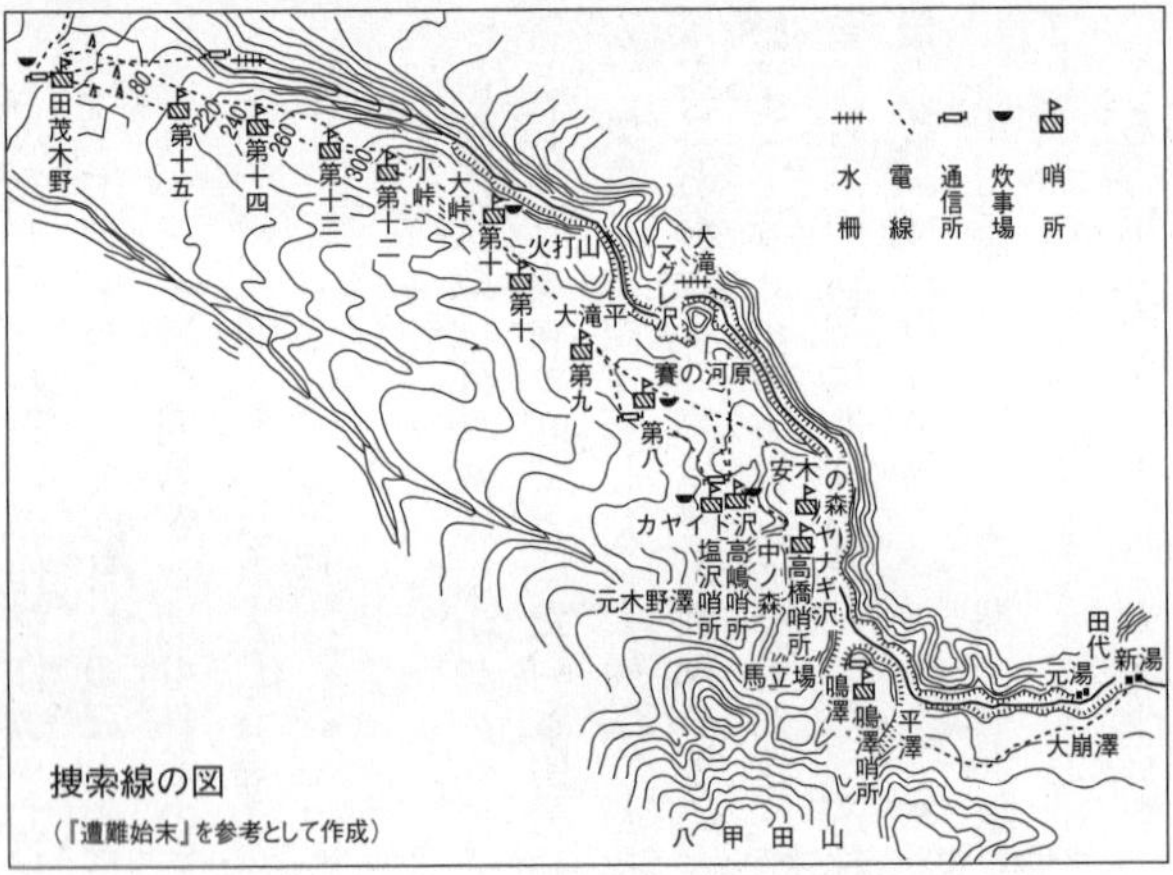

捜索線の図
（『遭難始末』を参考として作成）

結論的にいえば、①は「できない」という判断であり、したがって②の行軍計画・行李の編成案は成り立たないということになる。

　観点を変えて考えてみよう。

　機動とは、部隊が青森から田代を経て三本木へ移動することである。別の場所に移るだけではなく、新たな場所で新たな任務を遂行するために、最適の態勢で移動することが求められる。新たな任務が戦闘であれば、常続的な兵站支援が必要となり、補給路（後方連絡線）の確保が不可欠となる。

　当初の捜索救護活動に加入した人員は一千九十九人で、地元住民二百六十人も含まれ、連隊から八百三十九人が参加した。ざっくりいえば、雪中行軍隊二百十人を戦闘可能な態勢で三本木に移動させるためには、八百人規模の支援体制が必要となる。

雪中行軍隊は四十人のみカンジキを使用し、他は軍靴あるいは地下足袋の上からワラ靴を履き、胸まで埋まり雪の中を泳ぐようであったといわれる。ソリは腹がつかえて（カメになり）動かなくなった。このような状態では、数メートルの深雪地を行軍（機動）することは不可能であることは論をまたない。

今日の自衛隊では、全員がスキーを履き、アキオと呼ばれるボート様のソリで機関銃・迫撃砲などを運搬し、雪上車を使用して、「八甲田演習」を行なっている。明治三十五年当時の軍隊が戦闘編成で冬期に八甲田山麓を機動することは、過望であり、不可能であった、と言わざるを得ない。

日露戦争後、オーストリア陸軍レルヒ少佐により高田（現上越市）の連隊にスキーが伝えられ、以降積雪寒冷地の部隊にスキーが導入されるようになった。

ノモンハン事件に見る反「戦いの原則」
――生かされなかった教訓――

ノモンハン事件は、満州西北部モンゴル（外蒙古）との国境地帯における、昭和十四年五月中旬から九月中旬までの約四ヵ月に及ぶ国境紛争（局地戦）である。

事件の発端は、満・蒙両国が主張する国境線が異なることに起因する小競り合いだったが、満州を支援する日本軍と外蒙を支援するソ連軍が現場に進出するにおよび、紛争は逐次拡大して本格的な戦闘になった。

日本軍は、まず東《あずま》支隊（捜索隊主体）の出動によって越境部隊を駆逐したが、ソ蒙軍が本格的に越境して防御陣地を構築したあとは、五月下旬の山縣《やまがた》支隊の攻撃、七月上旬における小松原《こまつばら》兵団（第一戦車団を含む）の攻撃のいずれも所期の目的を達成できなかった。

ソ蒙軍は、六月初旬以来ジューコフ将軍指揮下で三ヵ月間にわたる作戦準備ののち、八月二十日、日本軍の四～五倍の兵力をもって大攻勢に転じた。そのため、日本軍の陣地は随所に破綻《はたん》をきたし、敵中に孤立して玉砕する部隊が続出したが、日本軍伝統の絶対不敗の信念に基づく敢闘精神とソ蒙軍の作戦計画が限定目標の攻撃（制限戦争）であったことに助けられて、かろうじて殲滅をまぬがれた。

このソ蒙軍との戦いは、第一次世界大戦の欧州戦場を経験しなかった日本陸軍にとって初めての近代戦であった。しかし、ヨーロッパの二流陸軍として軽視していたソ連軍が、火力重視、装甲機動力の発揮、空地協同および近代的戦術・戦法によって戦ったことは、日本軍の予想をはるかに超えていた。

第一次大戦後、世界的軍縮の風潮の中でも着々と進められていた西欧列強の近代化の防衛努力を、日本軍中央部は他人事として等閑《とうかん》に付し自らの近代化に目をつぶっていたが、ノモンハンでの惨敗は痛烈な警鐘となった。

ノモンハン事件を「戦いの原則」の視点からながめると、ソ蒙軍はすべからく原則に忠実であり、日本軍はことごとく原則に反していた、と断言できる。惨敗した日本陸軍がこのことを真に反省し学んでおれば、二年後に太平洋戦争に突入するという愚は犯さなかったにちがいない。多くの識者が指摘している通り、太平洋戦争でもノモンハン事件と同じことがくり返された。軍の体質は日本人の特性であり、一朝一夕には変わらない。今日の日本においても、この傾向は続いている。

本稿で取り上げた史実に関しては『関東軍1』（戦史叢書　朝雲新聞社）、『昭和史の天皇25〜29』（読売新聞社）、『ノモンハンの戦い』（シーシキン著　田中克彦編訳　岩波現代文庫）、『ノモンハンの夏』（半藤一利著　文藝春秋）、『失敗の本質』（野中郁次郎他共著　中公文庫）などを主として参考にした。

1　目的の原則（the Objective）

ノモンハン事件の舞台は、無人の広漠たる原野で、日満側とソ蒙側が主張する国境線が異なっていた。ハルハ河を国境とする日満側に対して、ソ蒙側が主張する国境線はハルハ河から十数キロ満州国内に入りこんでいた。地政学的にも戦略的にも何の価値も有さない辺境であるが、この猫額《びょうがく》の地で数万の兵士の血が流れた。

ソ連は「ソ蒙相互援助条約」（一九三六年三月締結）により、モンゴル領域の防衛を自国同様に考え、国境保全のため〝侵さず、侵されず〟との強烈な意志をもっていた。ソ連の戦争目的は侵された国境線の回復であり、このための具体的な目標が国境

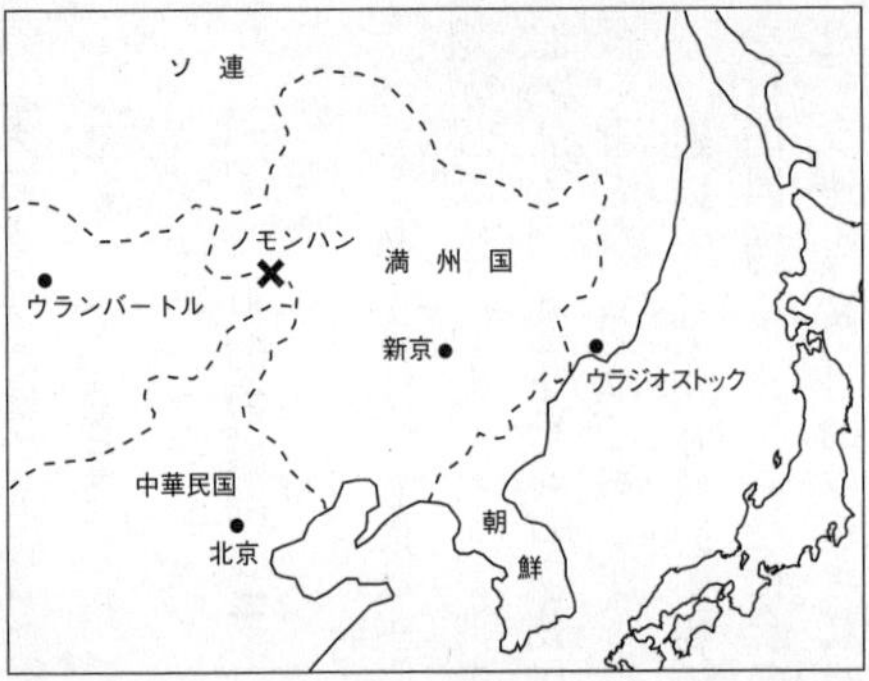

内に侵攻した日本軍の撃滅であった。このことを裏付けるかのように、八月攻勢で日本軍の大部分を撃破したソ蒙軍は、彼らの主張する国境線で進撃をピタリと停止した。スターリン首相が指導する国家政策と、ジューコフ将軍が指揮する現地軍の作戦は、違和感、齟齬《そご》がまったくなく、ソ連側は絵にかいたように目的の原則を実行した。

日本側はこの点がきわめてあいまいであり、不明瞭である。現地で戦った第二十三師団の行動の準拠は「満ソ国境紛争処理要綱」だ。昭和十四年四月二十五日、関東軍はこの要綱を独自に隷下部隊に示したが、軍中央部の認可は得ていなかった。関東軍の一参謀が要綱を起案し、上司の決裁を得て、参謀本部に報告したが、参謀本部ではこれを真剣に検討することなく、預かったのみであった。

要綱の基本的な考え方は〝侵さず、侵さしめず〟であるが、「敵ノ不法行為ニ対シテハ、断乎徹底的ニ膺懲《ようちょう》スルコト」とし、第一線部隊は「万一紛争ヲ惹起セバ任務ニ基キ断乎トシテ積極果敢ニ行動シ（略）必勝ニ専念シ万全ヲ期ス」と明示している。国境線が明確な場合はこれで問題ないが、国境線が不明な場合は「防衛司令官ニ於テ自主的ニ国境線ヲ認定シテ之ヲ第一線部隊ニ明示」と示している。

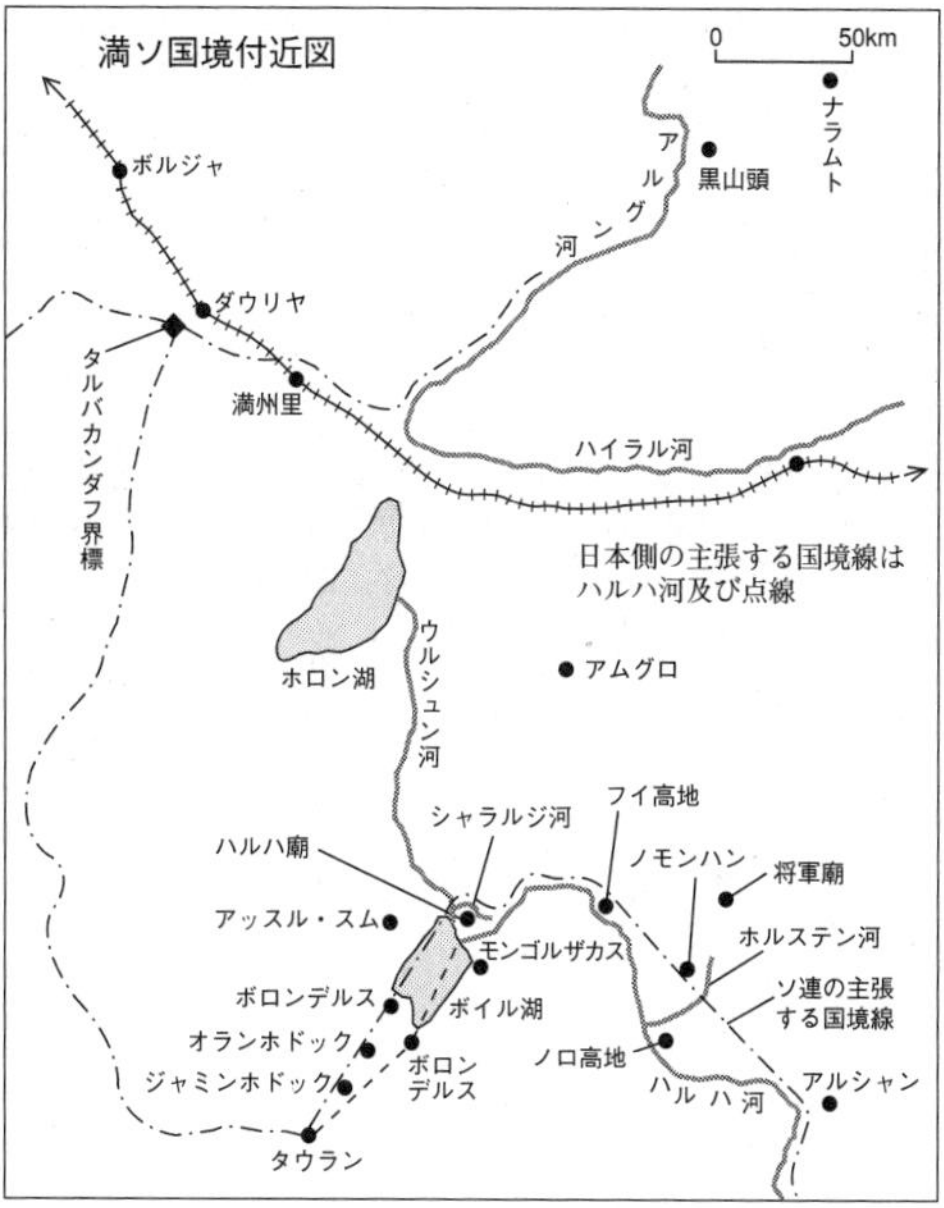

　国境線の画定《かくてい》は国家間の重大案件であり、当然外交権に属する。この国境線を関東軍（現地の防衛司令官）が自主的に認定することは越権行為であり、またこれを放置していた政府および軍中央部も無責任きわまる。

　常識的に考えると、日本軍の戦争目的は侵された国境線の回復であり、このための具体的な目標が国境内に侵攻したソ蒙軍の撃退である。現実は、師団等の部隊を逐次に使用したのみで、ソ蒙軍を撃退して国境線を回復するという強烈な国家意志は、事件全般を通じて感じられない。

国家意志を決定すべき政府が在って無きがごとき状態で、ノモンハン事件を実質的にリードしたのは軍中央部と関東軍の少数の参謀で、あたかも彼らが国家意志のごとくふるまっていたのが実体だ。

政治の軍事に対する優先（すなわちシビリアンコントロール）は今日では常識となっているが、政府が正常に機能し運営されていることが大前提だ。出先機関の独断専行、一部参謀による下剋上《げこくじよう》などは百害あって一利なし。

国境紛争のような危機管理に当たっては、政府がエスカレーション・ラダーのような段階的な紛争処理要領を明確にすることが不可欠である。また現地の部隊には交戦規定（ＲＯＥ）を明示し、これを厳守させなければならない。これを国家の意志としてやり遂げなければ、国益は守れない。

2　主動の原則（Offensive）

戦勢を支配するためには、旺盛な企図心をもって、自主積極的に行動し、わが意志を敵に強要して、敵を受動の立場にみちびかなければならない。主動は、英語でOffensive（攻勢）と表記するが、過度の攻勢主義は、戦法の定型化・硬直化をもたらす。ノモンハン事件において、日本陸軍は一見放胆に見える攻撃をくり返し行なったが、主動の原則とは対極にある定型化し硬直した「攻勢第一主義」の発露であり、攻撃はことごとく失敗した。

　第二次ノモンハン事件の劈頭、第二十三師団は、ハルハ河右岸に進出して陣地を構築していたソ蒙軍に対して、安岡支隊（戦車二個連隊、歩兵一個連隊等）が正面（ハルハ河右岸）から攻撃し、師団主力（歩兵三個連隊等）がハルハ河を渡河して左岸からその側背《そくはい》を攻撃した。安岡支隊の攻撃によって敵を拘束し、師団主力で退路を遮断して、ソ蒙軍を一気に撃滅しようという構想である。

　この攻撃構想を地図上に展開すると、理想的な包囲殲滅戦のように見える。しかしながら、第二十三師団が作戦の当初からこのように企図し、周到な準備のもとに、満を持して乾坤一擲の攻撃を行なった形跡は見られない。現場に到着した後に、関東軍参謀の示唆で、大あわてで攻撃を計画し実施した、というのが実体だ。

　当初、安岡支隊の攻撃が功を奏して、師団主力のハルハ河渡河は成功したが、その

第23師団両岸攻撃の概要

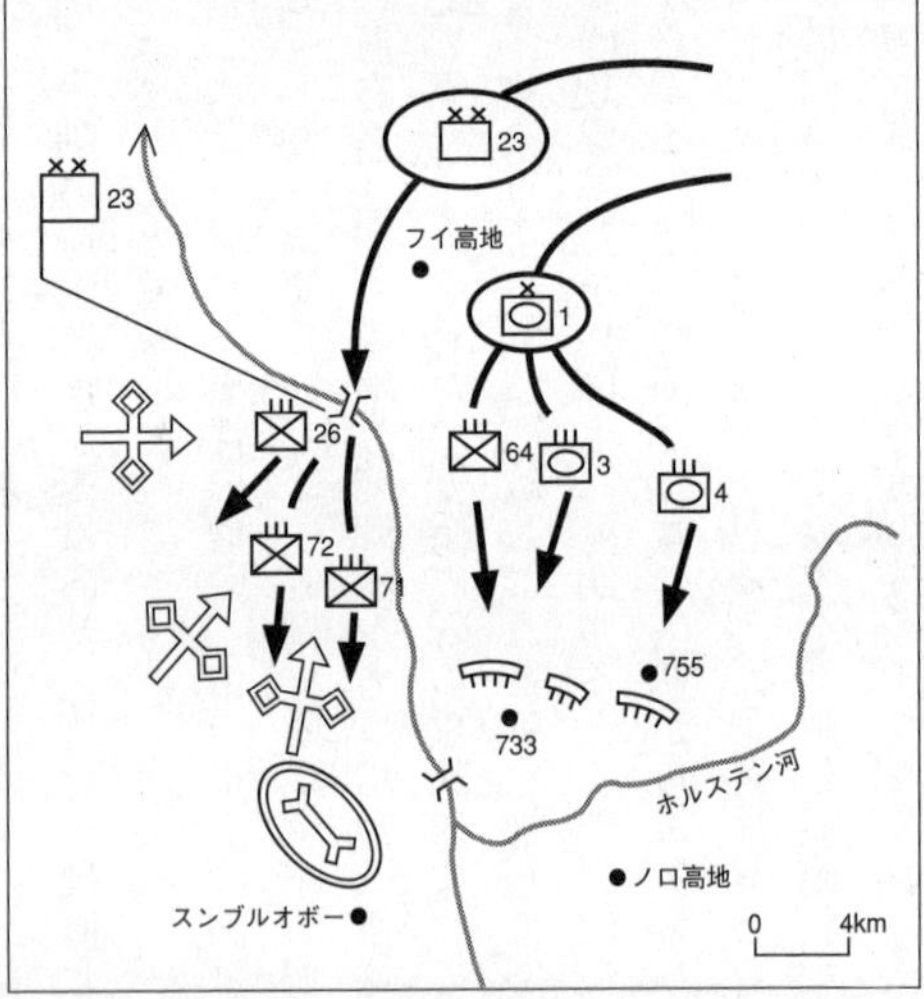

後左岸の広漠たる草原でソ蒙軍の戦車および装甲車との遭遇戦となった。各歩兵連隊は、速射砲、火炎ビンなどで果敢な対戦車戦闘を行なって多数の戦車、装甲車を撃破したが、弾薬や水などの補給が続かず、また唯一の後方連絡線たる浮橋（舟橋）の確保が危うくなり、師団主力は再びハルハ河を渡河して右岸へ撤退した。

師団主力が攻撃衝力を維持するためには、強力な砲兵と豊富な弾薬、迅速に第一線に投入できる予備隊、ならびに補給の継続的な実施が不可欠であり、同時にハルハ河には数本の橋梁が必要である。これらのいずれをも欠いたため、師団主力による左岸の攻撃は一日で頓挫《とんざ》した。近代化され機械化されたソ蒙軍に対しては、形だけで実体のない図上戦術的な包囲殲滅戦は通用しなかった。

八月二十日、ソ蒙軍は火力殲滅戦による両翼包囲で一大攻勢に転じ、広正面で防御陣地を占領していた日本軍を全正面から攻撃した。日本軍の防御正面は約三十七キロ、これに対してソ蒙軍は七十四キロにわたって広く展開し、日本軍を両翼から包みこむように攻撃した。赤軍野外教令に示すように「赤軍の戦闘行動は、殲滅戦の遂行をもって原則とす」（綱領第二）通りの攻勢であった。

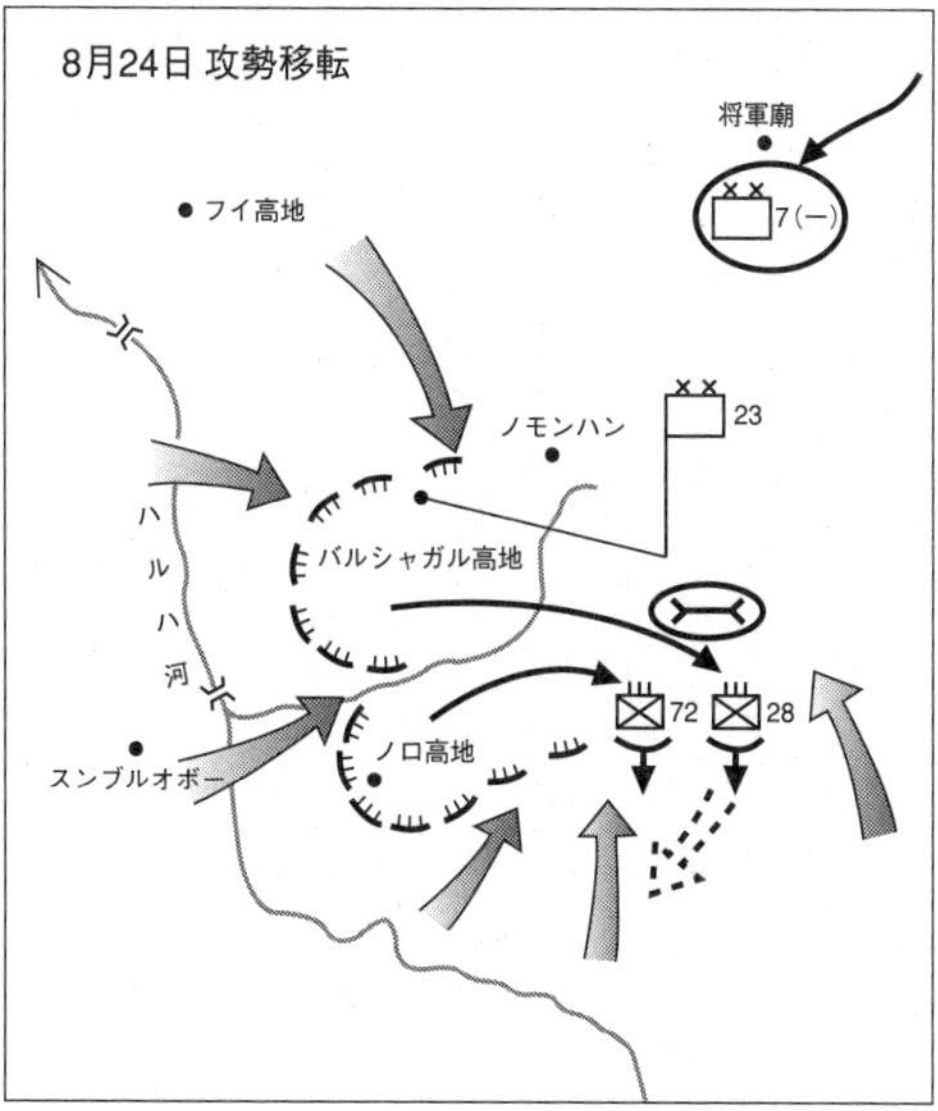

このソ蒙軍の圧倒的な攻勢に対して、八月四日に新設されたばかりの第六軍司令部は、苦境の最中にある第二十三師団に攻勢移転を命じた。ソ蒙軍の右翼を攻撃して、戦勢を逆転させようとの気宇壮大

な構想である。

師団は八月二十三日午後三時に師団命令を下達し、翌二十四日午前中に攻撃を開始したが、たちまち攻撃は行き詰まった。シーシキン著『ノモンハンの戦い』は「日本軍司令部の企図は、ソ・モ軍をハルハ河流域におびき寄せ、大砂丘群地区に強力な突撃兵団を集中させ、その右翼を撃って滅ぼすであり、総攻撃は八月二十四日の昼間に予定されていた。しかしこの計画は実現されなかった」と述べている。

この攻勢移転も裏付けのない観念的な構想で、見せかけだけの主動の発揮であり、図上戦術の域を出なかった。新鋭の数個師団や戦車連隊をもって攻勢に移転するといった現実的な計画であれば、攻勢移転は有力な案であったかもしれない。

「敵ノ不法行為ニ対シテハ、断乎徹底的ニ膺懲スルコト」という強がりの実体は、第二十三師団のハルハ河左岸攻撃であり、第六軍の攻勢移転であった。敵の実体を知らず、自らの身の丈に合わせて敵を過小評価し、観念的な計画を立案し、現実を無視した命令を出したのが、関東軍であり、第六軍であり、第二十三師団であった。

3　集中の原則（Mass）

等質の戦力を有する部隊同士が5対3でまともに戦った場合、劣者がゼロになったとき、優者はどれだけ生き残るか？　答えは4である。戦力二乗の法則というのがあり、次のような計算式が成り立つ。

$$5^2 - 3^2 = 4^2 - 0$$

単純化した計算式であるが、集中すればするほど、優者は圧倒的に有利となることを、端的に示したものである。この計算式はランチェスターの二次則を応用したものであるが、ランチェスターの二次則は、第二次大戦の膨大な戦場データからも有効性が証明されており、信頼性が高い。

イギリスのF・W・ランチェスターは、戦闘における兵力数、武器効率と損害量の関係を二つの数式であらわし、それぞれ一次則、二次則とよばれている。二次則は「集中効果の法則」といわれ、兵力差が勝敗の決定的な要因となることをしめしている。アメリカは、これを〝ランチェスター戦略モデル式〟へと発展させ、第二次世界大戦において、軍事戦略や予算などの資源配分に適用した。戦後、ビジネス戦略として応用され、勝ち方の原理原則としてビジネス社会で広く活用されている。ランチェスターは近代的なOR（オペレーションズ・リサーチ）の開祖として知られている。（近藤次郎著『オペレーションズ・リサーチ入門』NHKブックスを参照）

兵力の分散使用ならびに逐次使用は、集中の原則の対極にあり、戦術教育においてもっともいましめられる。このことはいわば常識であるが、ノモンハン事件においても、太平洋戦争においても、日本陸軍はこの過ちをくり返している。

陸軍は、寡兵をもって衆敵を破るという形のみを追求し、本質を理解しない硬直した作戦指導が体質になっていたようだ。その根底には、歩兵による白兵銃剣突撃を至上とする精神主義がある。

作戦要務令／綱領／第二条に「戦捷《せんしょう》ノ要ハ、有形無形ノ各種戦闘要素ヲ綜合シテ敵ニ優ル威力ヲ要点ニ集中発揮セシムルニ在リ」と述べている。

有形戦闘力は計算できる戦力であり、無形戦闘力は目に見えない戦力である。無形戦闘力に関しては、日本陸軍は超一流のレベルにあった。したがって、ノモンハン事件で考察すべきは次の二点である。第一点は戦闘力を集中発揮すべき「要点」の妥当

755高地と733砂丘とを連ねた過高断面図

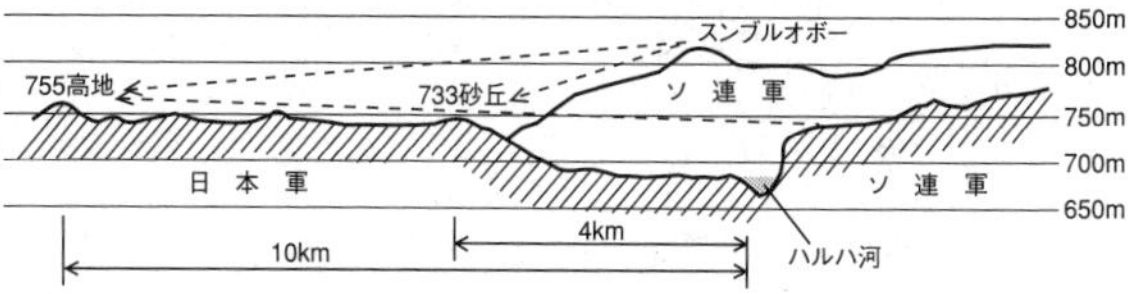

ノモンハン戦場の特質——ノモンハンの戦場において最も重大な問題は、ハルハ河左岸の外蒙領一連の台地の標高が、右岸（満領）数キロに及ぶ地域よりも高かったことである。従って当時の日本軍の作戦した戦場から左岸台地を望見しても、台端とわが方に対する斜面がわずかに見えただけで、台上にやや後退して布陣する砲兵をはじめ、その地区に行動するソ蒙軍の諸部隊の状況等は、ほとんど望見することができなかった。これに反し左岸からは右岸地域が数キロ（所によると十数キロ）にわたって展望することができ、この地域に行動する日本軍のほとんど全部がソ蒙軍の眼下に置かれ、そのためわが方は攻防いずれの時期においても、終始ソ蒙軍から正確熾烈な砲爆撃を受けたのである。　（公刊戦史『関東軍1』より）

性であり、第二点は有形戦闘力の「質と量」である。

端的にいえば、ノモンハン事件の戦場となった地域は「要点」に相当しないばかりか、戦場にしてはいけない場所であった。

該地域はモンゴル内の高台（ハルハ河左岸台地）から見下ろされる地形で、戦場一帯は常時ソ蒙軍の火制下におかれることは、現地に進出すれば一目瞭然で、日本軍が現地で体験した通りである。

たとえ満州内に進出したソ蒙軍を国境外に駆逐したとしても、ハルハ河左岸台地を確保しない限り、この地域を保持することは不可能である。しかも左岸台地はモンゴル領すなわち外国である。

有形戦闘力の「質と量」も日本軍が手痛い打撃を被《こうむ》ったとおりである。第一次ノモンハン事件の五月二十八日、山縣支隊（歩兵第六十四連隊、第二十三捜索隊等）はハルハ河右岸に進出して陣地を構築していたソ蒙軍を攻撃するが、ソ蒙軍の組織的な火力に阻止され、撃退された。兵力数は山縣支隊が千六百人、ソ蒙軍が七百人であるが、日本軍の裸の歩兵にくらべ、ソ蒙軍は機械化され火力を重視して組織的に戦う近代軍であった。

緒戦ともいえるこの戦闘結果を、関東軍および第二十三師団はまじめに研究することなく、いわば意地になって戦力を逐次に注ぎこみ、結果として大敗した。日本軍は戦うべきでない地域を戦場に選び、近代戦を戦い得ない質的に劣る戦力で、砲兵の火力量および戦車・装甲車の数で圧倒されて、数万の兵士を無意味に失った。

八月攻勢時のソ蒙軍の参加兵力は五万七千人、火砲・迫撃砲五百四十二門、戦車四百九十八両、装甲車三百八十五両で、兵員数で三倍、火砲・迫撃砲は性能、弾薬量を含めて圧倒的な優位で、戦車・装甲車は日本軍のゼロに対して比較にすらならなかった。彼らは三ヵ月間かけて戦力を集中し、必勝の態勢で攻勢に出た。

4　経済の原則（Economy of Force）

ノモンハン事件が起きた昭和十四（一九三九）年当時、日中戦争（支那事変）は泥沼の状態となり、七十万もの大兵力が広大な中国大陸に拘束されていた。日本にとりソ連との本格的戦争は二正面作戦となり、国力の限界を超える。ソ連も、ナチスドイツとの全面戦争が想定される情勢で、極東において日本との戦争は避けたい、というのが本音であった。

昭和十二年に勃発した日中戦争は、南京占領、徐州作戦、漢口・広東占領へと逐次拡大し、十四年当時は二十四個師団以上七十万人もの大兵力が中国大陸に派遣されていた。一方、四百キロにも及ぶ満蒙の国境は、三十個師団に増強された極東ソ連軍と厳しく対峙《たいじ》しており、日本軍が使用できるのは十一個師団（在朝鮮の師団を含む）であった。

このような状況で、極東ソ連軍との本格的な戦争は絶対に避けなければならないことは、自明の理である。参謀本部は国境紛争を拡大させない方針だったが、この方針を関東軍に徹底・強制することができなく、結果として無駄な戦力・資材を消費し、多数の将兵を犠牲にして何ら得るところがなかった。

スターリン首相は、西欧のナチスドイツ軍と極東の日本軍の動向をにらみながら、したたかに戦略を練っていた。日本軍との全面戦争は避けなければならないが、ゾルゲ諜報団の暗躍によって日本軍の企図をさぐり、ジューコフ将軍に徹底して攻勢を準備させ、日本軍を完膚《かんぷ》なきまでにたたいて、彼らの主張する国境線を回復した。

ソ連は八月二十三日（八月攻勢の四日目）に、ナチスドイツと「独ソ不可侵条約」を締結し、ノモンハン事件の停戦翌日の九月十七日に、背後の極東正面に何らの不安を感ずることなくポーランドへ侵攻した。

戦力を逐次に分散使用し、いずれの戦線もジリ貧となり、最終的に未曾有の敗戦を喫するというドカ貧を招いたのが、ノモンハン事件以降の日本軍だった。〝至ル処守ラントスレバ至ル処弱シ〟（孫子）の通りであった。

5　統一の原則（Unity of Command）

現代戦においてはコンバインド・アームズ（Combined Arms＝諸兵種の統合運用）が常識となっている。戦闘力を効率的に発揮するために、各兵種を統合し一体化して運用することが不可欠であり、このためには共同動作、調整、協力精神が必須である。

（筆者の個人的な体験であるが）陸上自衛隊でコンバインド・アームズが真剣に取り上げられたのは、第四次中東戦争（一九七三年）以降であった。イスラエル軍戦車旅団が戦車単独でエジプト軍歩兵陣地に突入して、対戦車ミサイルによって撃破されるという衝撃的な戦闘結果が、その契機となった。

ノモンハン事件に参加したソ蒙軍は、既述のように機械化された近代軍である。彼らは事件の終始を通じて、一九三六（昭和十一）年発布の『赤軍野外教令』を忠実に実行した。

各兵種の運用はその特性を考慮し、その特長を発揮せしむるを以て根本となす。各兵種を使用するに当たりては、その能力を最高度に発揮し得るごとく、他兵種と緊密なる協同を律せざるべからず。（綱領第七）

現代戦における資材の進歩は、敵戦闘部署の全縦深《じゅうしん》にわたり同時にこれを破砕することを可能ならしむるに至れり。（綱領第九）

現代戦は畢竟《ひっきょう》その大部分火力闘争に外ならず。（略）火器威力の破壊的性質を無

視し、かつこれを克服する手段を弁《わきま》えざるものは、いたずらに無益の損害を蒙《こうむ》るに過ぎざるべし。（綱領第十五）

およそ戦闘を行なうに当たりては、これに必要なる十分の資材を備えざるべからず。卓越せる戦術的決心も、もしこれが遂行に必要なる物質的条件において欠くるところあらば、必ずしもその成果を期待し難し。戦闘に当たりて資材の補給ならびに集結を遺憾なからしむることは、指揮官および幕僚の最大の責務なりとす。（綱領第十七）

『赤軍野外教令』は日本語に翻訳されて、昭和十二年七月に「偕行社特報」として現職将校に頒布された。その序に「現に赤軍は目下本教令により訓練せられつつあるものに外ならず。この故に本教令は隣邦軍戦術研究上極めて重要なる文献と認め（云々）」と書かれているが、当時の陸軍はこれを真剣にとらえなかった。

肉薄戦は我が軍独特の強みにして、敵が抵抗意志を堅持する時、戦闘に最終の決を与ふるものなることは古今不磨《ふま》の鉄則なり。

然《しか》れども今次事件においては、軍隊は絣《かすり》の如く疎開し、しかも偽装せられ、射撃及び突撃目標は戦場より姿を薄め、ただ見えざる火力組織が頑《がん》として我が前進を阻止せるものにして、この火力に対し現実に真面目に対応処置を講ずることなく、暴露し又は暴進し、あるいは不十分なる築城に拠《よ》るときは、肉薄戦の機を迎ふるに先だち、火力戦のみにより既に殲滅的打撃を受くるの現象を呈せり。

吾人は第一次欧州大戦において「砲兵は耕し、歩兵は確保す」なる声を聞きしが、およそ東洋の戦場には縁遠き語としてこれを見送れり。しかるに我と対戦する敵は、今やこの戦法に則《のっと》りつつあるに注意するを要す。（ノモンハン事件研究委員会報告書）

日本軍は歩兵の白兵銃剣突撃に徹底してこだわり、歩兵を軍の主兵と称し、諸兵種の協同すなわちコンバインド・アームズの考え方は皆無であった。ハルハ河右岸の攻撃では、二個戦車連隊を、夜間、戦車単独で攻撃させているが、歩兵との協同を欠いたため一時的な奇襲効果しかなかった。

（唐突であるが）藤田嗣治画伯の戦争画に「哈爾哈《ハルハ》河畔之戦闘」と題する作品がある。ハルハ河左岸の戦闘を描いたもので、三八式歩兵銃を手にした歩兵がベーテー戦車と格闘している絵である。藤田はこの絵を描くために、昭和十五年九月から十月にかけてホロンバイル草原、ノロ高地、ハルハ河などの戦跡を取材している。最前線で終始戦闘の指揮をとった須見《すみ》新一郎歩兵第二十六連隊長が「元亀・天正の装備であった」と回顧しているように、日本軍は「哈爾哈河畔之戦闘」のごとき日露戦争当時と変わらぬ装備で、近代化され機械化されたソ蒙軍と戦った。

陸軍はノモンハン事件後に研究委員会を設置して、日本軍の欠陥と近代戦遂行能力の欠如を分析・検討した。右に述べたごとく、研究委員会は肉薄戦が見えざる火力組織に殲滅的打撃を受けたことを率直に認めているが、陸軍当局はこれを是正することなく、二年後に太平洋戦争に突入した。質的改善には目をつぶり、大量動員による量的拡大で補おうとしたが、蟷螂《とうろう》の斧であった。

6 機動の原則（Maneuver）

戦闘は、一面から見れば、決勝点に対する彼我戦闘力の集中競争である。所望の時期と場所に敵に優る戦闘力を集中するためには、迅速な機動力の発揮が絶対に必要である。ノモンハン事件当時の日本軍は、歩兵は徒歩行軍により、砲兵や輜重兵は馬を利用して、戦場へと移動した。一方のソ蒙軍は自動車、装甲車、戦車などによって部隊や装備を戦場に集中したのである。

日本軍の策源地たるハイラルからノモンハンまでは二百キロ、ソ蒙軍の策源地であるる満州里支線のボルジャ駅、ヴィルカ駅からは七百五十キロである。関東軍の参謀たちは、この距離差を日本軍絶対有利の根拠として状況判断をおこない、自分の物差しを基準として敵の能力を推測するという大失態を犯した。

歩兵第七十一連隊は、六月二十二日朝ハイラルを出発し、六月二十七日にアムグロに到着した。ホロンバイル草原は、昼間は摂氏三十五度から四十度に達し、水がなく、兵士は完全武装で三十キロもの個人装備を背負って、百八十五キロを五日間で徒歩行軍した。歩兵とは文字通りに歩く兵隊であった。

野砲兵第十三連隊は六月二十二日にハイラルを出発し、二十六日に将軍廟に到着している。同連隊は輓馬《ばんば》編制で七・五センチ三八式野砲を装備していたが、野砲一門を六頭の馬が引いた。大隊本部や各砲兵中隊には観測車があり、これも六頭の馬で引いた。第二十三師団の全部隊で二千七百八頭、第六軍全体（第一、二、四、七師団等）では一万千八百八十七頭の馬匹がノモンハン事件に参加した。

ハイラルからノモンハンへ、徒歩行軍により、あるいは大砲を馬に引かせて、各部隊は戦場へと向かった。須見連隊長が「元亀・天正の装備であった」と回顧したように、戦国時代を想起させるような部隊移動が日本軍の実体であった。地平線が見える大草原を、歩兵部隊が延々と連なって行軍する写真や、馬とともに行軍する砲兵部隊の写真があるが、茫々たる思いにとらわれるのは筆者のみではあるまい。

作戦の資材確保のために膨大な作業を行わねばならなかった。攻撃の開始までに、七八〇キロも遠くへだたった地点に、未舗装道路によって、大量の弾薬、ガソリン、食糧、燃料など、全体で三万六、〇〇〇トンの貨物を運んでおかねばならなかった。そのためには約五、〇〇〇台の自動車が必要であったが、実際に手に入ったのは二、六〇〇台であった。(略)作戦開始までに、次のような貯えを確保することができた。すなわち、弾薬については、一般用に六基準量、戦車用に九基準量、燃料については六基準量を。(『ノモンハンの戦い』)

戦場(決勝点)への戦闘力集中競争は、機動距離の競争ではなく、機動手段すなわち人馬と機関(エンジン)の競走であり、はなから勝負にならなかった。ソ連軍の近代化に関する精度の高い情報は、情報関係者から軍中央部に報告されていたが、ほとんど無視されてきた。軍中央部のエリート参謀は、自らの思考に都合のよい情報のみを取捨選択するという習癖があり、過度の精神主義と表裏一体の病弊《びょうへい》であった。

7　奇襲の原則（Surprise）

奇襲とは、敵の予期しない時期、場所、方法などで、敵に対応のいとまを与えないように打撃することである。奇襲において最も重要なことは、「対応のいとまを与えない」ことで、このためには、意表をついて得た成果を速やかに拡大して目標を達成することである。とくに技術的にあるいは戦法的に奇襲を受けた場合、対応の手段を全く持たないというのが現実で、奇襲を受けた時点で敗北が決定する。

隊長殿、私の射《う》つ弾《たま》はたしかに敵の戦車に命中するのですが、はねかえります。
（玉田美郎著『ノモンハンの真相―戦車連隊長の手記』原書房）

昭和十四年七月三日、ノモンハンの戦場における悲痛な情景である。連隊長戦車の砲手が、右のように玉田大佐（戦車第四連隊長）に報告した。戦車は八九式中戦車である。砲手が命中した弾がはねかえると報告しているから、徹甲弾を射撃したのであろう。搭載砲は榴弾砲だった。

当時の徹甲弾には被帽《ひぼう》がなく、弾頭に焼き入れしてあるだけで、命中率も低く貫徹力も不足した。砲手が照準した目標はBT7軽戦車、装甲は十五ミリである。照準眼鏡で敵戦車を狙っている砲手の目には、おおきな弧をえがき、空中にかげろうを曳いて、ゆっくりと飛んでゆく黒い点が明瞭に見えていたにちがいない。

自分の射った弾がはねかえされる、砲手にとってこれ以上の衝撃があろうか。命中しても敵戦車の装甲を貫通できない……。この一発のために、訓練に訓練をかさねたのではなかったのか。日本の戦車は優秀であると注入された平素の教育と兵器への信頼性が失われ、必勝の信念がゆるぎ、みずからの運命を宣告された瞬間だった。

八九式中戦車は、昭和四年に制式化した国産第一号の戦車である。陸軍が列国の趨《すう》勢《せい》に合わせて戦車を国産するときめたとき、戦車をどのように運用するかという具体的な理念や哲学がなく、フランス軍のルノー戦車を模して、とりあえず歩兵科の装備として発足した。そうでなかったことが悔《く》やまれるが、戦車が騎兵科の装備としてスタートしておれば、戦車の運用や態様は別の軌跡（たとえば機動的な運用）をたどったかもしれない。

歩兵の最大の脅威は機関銃で、とくに白兵突撃を重視する歩兵にとり、側方から不意に、地表をなぐように射撃してくる機関銃の制圧は喫緊の課題であった。戦車は歩兵に随伴する移動トーチカとして、側防《そくぼう》機関銃の制圧を期待された。したがって、掩《えん》蓋《がい》におおわれた機関銃やトーチカ内の機関銃の制圧効果が高く、砲弾の破片効果が大きい榴弾砲を、戦車の主砲として採用した。

八九式中戦車の重量は十三トンで、装甲は砲塔前面十七ミリ、側面十七ミリであった。日本の戦車は、敵弾を装甲ではねかえすという対戦車戦闘の発想は元来なかった。輸送船の補助クレーン能力や鉄道輸送の限界などにより、軽量化が当然視された。

日本軍が装備していた三七ミリ歩兵砲の榴弾に対して八九式中戦車の装甲は効果があったが、ノモンハンの戦場では、ＢＴ７戦車の四五ミリ戦車砲の徹甲弾は、わが戦車をまさにトウフのように射貫した。

すでに述べたように、ソ連軍は『赤軍野外教令』を戦場で具体的に実行した。全縦深同時打撃、火力殲滅戦、包囲殲滅戦、コンバインド・アームズによる組織的戦闘、空地一体の戦闘など、当時の日本軍が夢にも考えなかったような戦法で、周到な準備のもと圧倒的な戦力で日本軍に襲いかかった。

戦車の例のような技術的な奇襲、八月攻勢のような戦法的な奇襲を受けた場合、当然、対応の余裕は一切なく、敗北が待ち受けているだけである。そもそも戦場でこのような奇襲を受けたこと自体が、あってはならないことである。軍中央部の怠慢、不作為のつけを、第一線の兵士が血で購《あがな》うなど絶対に許されない。当時の軍部指導者、ノモンハン事件を指導した参謀などは、まさに万死に値する。

8　簡明の原則（Simplicity）

簡明の原則とは、〝戦場は錯誤の連続が常態であり、錯誤の少ないほうが勝ちを制する〟という戦いの本性への深い洞察から発したものである。Simple is the best. は簡明の原則をズバリと表現している。シンプルとは、無駄なもの、本質的でないもの、緊急を要さないものなどをとことん省いた究極の姿・形・表現である。

軍ハ侵サス侵サシメサルヲ満州防衛根本ノ基調之トスカ為、満「ソ」国境ニ於ケル「ソ」軍（外蒙軍ヲ含ム）ノ不法行為ニ対シテハ、周到ナル準備ノ下ニ徹底的ニ之ヲ膺懲《ようちょう》シ、「ソ」軍ヲ慴伏《しょうふく》セシメ、其ノ野望ヲ初動ニオイテ封殺破摧《ふうさつはさい》ス。（満ソ国境紛争処理要綱の方針）

この方針の主旨は、越境したソ蒙軍は国境外に撃退せよ、ということであろう。右の文章は、膺懲《ようちょう》、慴伏《しょうふく》、封殺《ふうさつ》、破摧《はさい》といった抽象的な用語がおどっており、方針の真意、哲学が伝わってこない。まさにシンプルとは対極にある、きわめて政治的な表現である。

「満ソ国境紛争処理要綱」は関東軍が独自に起案し隷下部隊に命じたもので、政府や軍中央部から正式に承認されたものではない。要綱の中には、越境したソ蒙軍を急襲殲滅するために一時的に「ソ」領に進入してもよい、と明確に記述している。

外国領への侵入は、天皇（大元帥）の許可が必要である。これを平然と無視したのが、当時の関東軍をリードした一部少壮参謀だった。膺懲など軍事用語にないあいまいな表現は、まさに官僚用語であり政治用語である。このような感覚で指導されたノモンハン事件が、一将功ならず万骨枯れたのは当然の帰結であった。

「敵艦隊見ユトノ警報ニ接シ、連合艦隊ハ直チニ出動、コレヲ撃滅セントス。本日天気晴朗ナレドモ浪高シ」という日本海海戦時の報告がある。海軍大臣の山本権兵衛が「本日天気晴朗ナレドモ浪高シ」という文言を美文として叱ったというエピソードがあるが、「連合艦隊ハ直チニ出動、コレヲ撃滅セントス」には、戦争の帰趨すなわち国家の運命を担っている連合艦隊の意志が、ストイックなまでにシンプルに表現されている。

参謀統帥、下剋上などという言葉がある。本来、軍隊は指揮系統が一本のシンプルな組織であり、これが軍隊精強の根幹である。敵を知らず、己を知らない、軍人官僚に堕していたのがノモンハン事件当時の参謀本部であり、関東軍であった。

9 警戒の原則（Security）

七月三日午前十時ごろ、ハルハ河を渡河して左岸台上に進出した第二十三師団司令部が、ソ蒙軍の戦車から直接攻撃されるという事態が起きた。師団長と参謀長は乗用車で戦場を移動し、師団参謀は乗馬だった。師団司令部といっても丸裸で、通信機能など皆無であったにちがいない。この司令部が敵戦車の攻撃を受け、近くに展開していた野砲中隊の三八式野砲四門がゼロ距離射撃により敵の戦車を撃退して、かろうじて命拾いした。

この時点における全般状況は、右岸を安岡支隊（戦車二個連隊、歩兵一個連隊）が攻撃し、左岸台上を小林支隊（歩兵三個連隊等）が攻撃中であった。師団長は、全般の指揮に最適な場所に師団司令部を置いて、安岡支隊および小林支隊の攻撃の進展状況、ソ蒙軍の防御戦闘、予備隊の動きなど戦場全般を把握して、適時適切な作戦指導を行なうべきであった。

師団長は三日午後四時、小林支隊の攻撃を中止して右岸に撤退すべく、師団命令を発した。師団司令部が右岸に後退して全般を掌握中の翌四日午前七時ごろ、師団参謀長が敵重砲の射撃により戦死するという混乱状況となった。師団司令部自体が第一線部隊の後方を続行し、敵戦車から直接攻撃を受け、さらには参謀長が戦死するなど、師団司令部が冷静に指揮活動したとは到底思えない。敵を軽視し、なめきっていたと断ぜざるを得ない。

ソ蒙軍は、六月初旬以来ジューコフ将軍指揮下で、ハルハ河右岸の陣地を固め、兵力を増強し、三ヵ月にわたる作戦準備ののち、八月二十日、日本軍の四～五倍の兵力をもって大攻勢に転じた。ソ蒙軍は、八月攻勢を日本軍に察知させないために、周到な計画を作成してこれを隷下全部隊に徹底した。

計画の中で、また準備処置の中で特別の位置を占めていたのは、敵に、我が軍が防御態勢に移っているかのような印象を与えるために、情報を混乱させる問題である。このため、各部隊には、「防御戦に立つ兵士の手引書」が配られた。構築された防御施設についての嘘の状況報告と技術物資の質問表とが手渡された。全軍の移動は夜間にだけ行われた。待機位置に集結される戦車の騒音は、夜間爆撃機と小銃・機関銃掃射の騒音によってかき消された。日本軍には、我が諸部隊によって、前線中央部が強化されつつあるかのような印象を与えるために、前線中央だけでラジオ放送が行われた。(略) 襲撃前の一〇〜一二日間は、消音装置をはずした自動車何台かが前線に沿って絶え間なく往復した。こうした方策すべては極めて効果的であることが明らかになった。日本軍司令部は、我が軍の企図をはかりかねて、全く誤解に陥ってしまった。(『ノモンハンの戦い』)

ソ蒙軍は、右にあるように、打てるあらゆる手段を講じて、八月二十日の大攻勢の企図を秘匿し、攻勢の時期、兵力の規模、戦術・戦法において日本軍を奇襲した。まさに絵にかいたように〝警戒の原則〟を実行した。

陸軍は日露戦争の成功体験を過剰に学習して、陸上戦闘において戦勝を獲得するカギは、白兵戦における最後の銃剣突撃にある、という〝ものの見方〟に支配され、太平洋戦争の敗戦までこれから脱却できなかった。海軍も同様に日露戦争における日本海海戦の完璧な勝利を過剰学習して、艦隊決戦至上主義から脱却できなかった。固定化された〝ものの見方〟から脱却するためには、原点に立ち戻ることが必要であるが、このことはなかなか難しい。その答えの一つが〝戦いの原則〟である。

駆逐艦「雪風」に見る「戦いの原則」

――激戦を生き抜いた好運艦の航跡――

駆逐艦「雪風」は、昭和十三年八月二日陽炎《かげろう》型（甲型）駆逐艦第八番艦として佐世保海軍工廠で起工され、翌十四年三月二十四日に進水、十五年一月二十日に竣工した。「雪風」は昭和十六年度の連合艦隊（昭和十五年十一月十五日付で編成）で第二艦隊／第二水雷戦隊／第十六駆逐隊（雪風、時津風、天津風、初風）に所属した。

昭和十六年十二月八日の開戦以来、「雪風」は主要な海戦に参加し、陽炎型駆逐艦三十八隻中唯一生き残った。「雪風」が参加した主な海戦は次のとおりである。

比島レガスピー上陸部隊の護衛（十六年十二月）
蘭印メナド攻略部隊の護衛（十七年一月）
スラバヤ沖海戦（十七年二月）

ミッドウェー海戦（十七年五月）
ガダルカナル島への輸送に従事（東京急行・ネズミ輸送）
南太平洋（サンタ・クルーズ）海戦（十七年十月）
第三次ソロモン海戦（十七年十一月）
ガダルカナル島撤収作戦（十八年一月末〜二月にかけて三回）
ニューギニア輸送作戦の護衛（十八年三月）
コロンバンガラ沖海戦（十八年七月）
マリアナ沖海戦（十九年六月）
レイテ沖海戦（十九年十月）
天一号作戦・沖縄特攻出撃（二十年四月）

開戦以来文字通り東奔西走した「雪風」は、二百六十余人の乗員のうち八人が戦死した。昭和二十年八月十五日、「雪風」は山陰の宮津湾で敗戦をむかえ、改装して特別輸送艦となり、二十一年二月から十二月まで、復員軍人や海外からの引揚者の輸送（ラバウル、バンコク、サイゴン、上海、コロ島）に従事した。二十二年七月、賠償艦として上海で中国国府海軍に引き渡され、「丹陽《タンヤン》」と名を改め国府海軍の旗艦となった。

戦後国産された自衛艦の第一号艦は「ゆきかぜ」と命名された。現在、台湾から返還された「雪風」の碇が、江田島の第一術科学校に鎮座している。

本稿は、『駆逐艦雪風』（永富映次郎著、出版協同社）、『連合艦隊の栄光』・『連合艦隊の最後』（伊藤正徳著、文芸春秋新社）、『駆逐艦　その技術的回顧』（堀元美著、原書房）、『ルンガ沖夜戦』（半藤一利著、ＰＨＰ文庫）、『失敗の本質』（野中郁次郎他共著、中公文庫）を主として参考にした。

1　目的の原則（the Objective）

海軍は明治四十年の「帝国国防方針」以来アメリカを仮想敵国として戦力、戦備、戦術を充実してきた。艦隊決戦を戦略の原型とし、海戦において勝利を決定するのは主力艦同士の砲戦で、最終的には戦艦の主砲を決め手とした。

艦隊決戦主義は海軍のドクトリンで、明治三十八年五月の日本海海戦の再現をめざした。戦艦を中心とする輪形陣で西進してくる米艦隊を待ち受け、主力艦同士の決戦で米艦隊を撃滅し、これにより戦争に勝利するというシナリオだ。このドクトリンの中から戦艦「大和」「武蔵」が生まれ、陽炎型駆逐艦「雪風」が誕生した。

主力艦同士の砲戦はいきなり生起しない。遠方に展開した潜水艦による哨戒、前方に配置された水雷戦隊による夜戦が先行する。水雷戦隊は高速で敵主力艦に肉薄し、高性能魚雷の発射・砲撃により敵主力艦の一部を戦列から落伍させる。水雷戦隊は軽巡洋艦を旗艦とし、四個駆逐隊（駆逐艦十六隻）をもって編成される。夜間肉薄雷撃戦による漸減戦法の切り札が陽炎型駆逐艦である。

陽炎型駆逐艦は〝夜間肉薄雷撃戦による漸減戦法〟を目的として建造され、目的達成を可能にするために具体的な形（目標）となったのが「雪風」などである。陽炎型の性能諸元は次のとおり。

基準排水量　二千トン
公試状態排水量　二千五百トン
公試運転時の速力　三十五・五ノット（全武器搭載、燃料三分の二積載）
航続力　十八ノット五千マイル
五〇口径三年式一二・七センチ（五インチ）砲　連装三基六門
九六式二型二五ミリ連装機銃　二基四梃
九二式四型四連装魚雷発射管　二基八門
九三式六一センチ（二四インチ）魚雷　十六本（予備八本を含む）

九五式一型爆雷投射機　一基
九一式一型爆雷　三十六個

米海軍のフレッチャー型駆逐艦は、速力、航続力では陽炎型と拮抗《きっこう》していたが、砲は陽炎型の連装三基六門に対して単装五門であった。魚雷は二四インチ十六本に対して二一インチ八本であった。このように「雪風」は世界トップレベルの駆逐艦として太平洋戦争の苛烈な戦場に出撃した。

日本海軍の真珠湾奇襲攻撃により米海軍の戦艦群は壊滅し、海軍が想定していた戦艦を中心とする輪形陣での西進はなくなり、航空母艦を中心とする機動艦隊が主戦力となり、戦闘の様相は一変した。日本海軍が夢にまで見た戦艦同士の艦隊決戦は開戦劈頭から絵に画いた餅になった。

夜間肉薄雷撃戦による漸減戦法を実行する手段として、「雪風」は世界に冠絶した性能を誇ったが、その性能を発揮する機会は局地的な海戦に限定され、現実の戦いのほとんどは本来の目的とは異なる防空戦闘、対潜水艦戦闘、兵員・補給品の輸送などであった。「雪風」は新しい局面に対応しながら、その能力を最大限に発揮して苛烈な海戦を生き延びた。

2 奇襲の原則（Surprise）・警戒の原則（Security）

今日、暗視技術の進歩はいちじるしく、夜間行動の困難性はほとんど解決されている。およそ七十年前の一九四〇年代、夜は文字通り暗黒の世界であった。暗闇は人心を不安にし、恐怖におびえさせる。暗黒という夜の特性を戦術的に利用することにより奇襲が成り立ち、上手くいけば効果は絶大である。

夜間攻撃の要訣《ようけつ》は準備を周到にして敵を奇襲するにある。日本海軍の夜間肉薄雷撃戦は、想像を絶する猛訓練で夜暗を克服し、九三式六一センチ酸素魚雷を搭載した陽炎型駆逐艦の登場と相まって完成の域に達した。

太平洋戦争初期段階の遭遇戦的な海戦で、奇襲の原則が完璧に機能した。水雷戦隊の見張員は、暗夜、肉眼で一万メートルの距離から敵の艦影を透視した。駆逐艦はすぐさま最大戦速で敵艦に肉薄し、五千メートル以内の最適距離から、九三式六一センチ酸素魚雷を発射して敵艦を撃破した。

九三式六一センチ酸素魚雷は、炸薬五百キロ、五十ノットで二万メートル走る。原動力が酸素のため航跡が残らない。炸薬五百キロは巡洋艦の致死量に相当する。「雪風」はこの酸素魚雷十六本（予備魚雷八本を含む）を搭載している。敵艦を先に発見して、最適魚雷圏内に突進し、必殺の魚雷をたたきこむ。スラバヤ沖海戦やガダルカナル島を巡るいくつかの海戦で、このことが実証されている。

奇襲で最も重要なことは相手に対応の余地を与えないことである。奇襲で得られた効果を一気に拡大して、決定的な成果に結びつけなければならない。米艦がレーダー（電波探知機）を装備する以前は、夜は日本軍の味方であった。ただし、日本海軍が想定していた主力艦同士の艦隊決戦の機会はなく、局地的な海戦での奇襲効果に過ぎなかった。

敵の奇襲を防止して行動の自由を確保することが警戒の原則である。開戦当初、アメリカ、イギリス、オランダ、オーストラリア、ニュージーランド海軍は、日本海軍の夜間肉薄雷撃戦という奇襲に圧倒され、巡洋艦などを多数失った。彼らは、夜間、一万メートルの距離から敵の艦影を透視する日本海軍の見張員に対応する手段を持たなかったのである。

しかしながら、昭和十七年後半になると、海戦の主導権は徐々に米側に移って行った。米海軍は日本側の夜間肉薄雷撃戦に対して、科学的に対応した。米艦のレーダーは二万三千メートルの距離で日本艦の接近を探知し、一万メートルで砲撃を開始した。

駆逐艦「雪風」の兵備改装状況

改装時期	兵備の状況	適要
竣工時 (昭和15年1月)	12.7センチ砲　6門 25ミリ機銃　4梃 61センチ酸素魚雷　4連装発射管2基 (8本、予備8本) 爆雷投射機　1基(36個)	艦隊決戦思想の下「夜間肉薄雷撃戦」の決め手として建造された
入渠整備 (昭和18年6月)	敵のレーダーを探知する「逆探」を装備	米艦が探知、射撃用レーダーを使用し始めた
大改装 (昭和18年12月)	12.7センチ砲　4門(2門撤去) 25ミリ機銃　14梃 対水上射撃用レーダー(22号電探) 対空用射撃レーダー(13号電探)	対空火器、電探兵器の強化
本格的改装 (昭和19年8月)	13ミリ機銃　4梃 25ミリ機銃　24梃 対潜水艦用ソナー(3式短信儀)	海戦は敵航空機との戦い(対空戦)が常態となった
特別輸送艦へ改装 (昭和21年1月)	兵装を全部撤去、居住施設・船室へ改装	復員兵、海外からの帰国者の輸送に従事した

すなわち〝魚雷圏外の砲戦〟で応じるようになった。日本側の見張員が米艦を発見すると同時に、射撃レーダーにより正確な弾を浴びるようになった。

奇襲の原則と警戒の原則はコインの表裏である。見張員の肉眼はやがて監視レーダーの出現によって凌駕されるようになり、米側に先制奇襲の機会を奪われるようになった。レーダーも万能ではなく、乱戦の中で「雪風」などが夜間肉薄雷撃戦を発揮する機会もあるにはあったが、時間の経過とともに奇襲の効果は消滅した。

日本海軍も手を拱《こまね》いていたわけ

ではない。昭和十八年に入り、米艦のレーダーを探知する「逆探」が、「雪風」に最初に装備された。当時すでに「雪風」が不沈艦であり好運艦であることが知られ、新兵器を真っ先に装備する艦に選ばれた。

「雪風」は引き続き射撃レーダー（対空用第十三号レーダー、対水上用第二十二号レーダー）、三式探信儀（対潜水艦用ソナー）を装備した。昭和十八年七月のコロンバンガラ沖海戦で、「雪風」は往年の夜襲魚雷戦を彷彿させる戦闘を演じ、一時的に海戦の主導権を奪回したが所詮は一瞬の光芒にすぎなかった。

日本海軍のもう一つの切り札であった九三式六一センチ酸素魚雷は、米側に最後まで脅威を与えた。後年、九三式三型魚雷を改造して人間魚雷「回天」が誕生した。回天搭乗員の崇高な使命観には頭が下がるが、このような兵器の登場は戦術の外道《げどう》であり、奇襲とは相いれないものである、と筆者は考える。

3　機動の原則（Maneuver）

陽炎型駆逐艦の高速力および航続力（十八ノット五千マイル）は、艦隊決戦前夜における夜間肉薄雷撃戦をイメージしていた。夢想していた艦隊決戦は起こるべくもな

「東京急行」関係要図

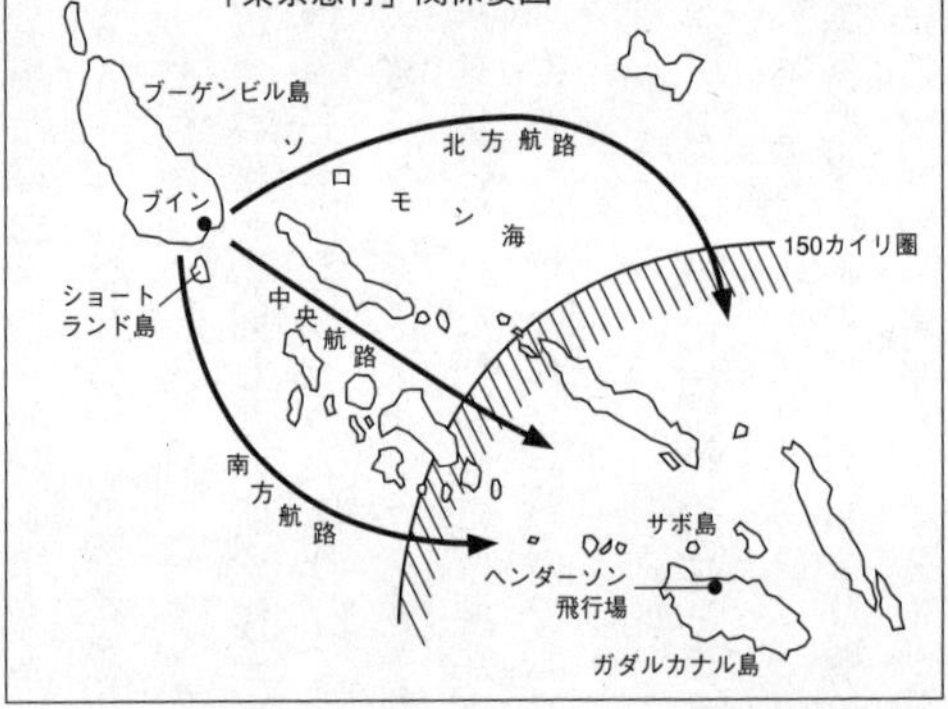

く、現実は苛酷であった。昭和十七年八月七日、米海兵師団のガダルカナル島奇襲上陸に端を発し、ガ島の飛行場をめぐる争奪戦は果てしない消耗戦へと展開した。

　米軍はガ島上陸とともにヘンダーソン飛行場を整備して戦闘機、爆撃機を常駐させた。日本軍の最前線飛行場はラバウルで、ガ島から五百六十カイリ（約一千百キロ）の距離があった。ヘンダーソン飛行場に展開する戦闘機の作戦行動範囲は百五十カイリで、ガ島への兵員、装備、補給品の輸送は米戦闘機の制空権下の行動にならざるを得ない。

　制空権のないところには制海権もない。日本軍がガ島海域の百五十カイリ圏内で行動できるのは夜だけである。日本軍は高速駆逐艦に陸軍兵と補給品を載せ、日没とともに百五十カイリ圏に突入し、三十ノットの高速で突っ走り、陸軍兵などを揚陸し、すばやく反転して日の出までには米戦闘機の行動範囲外へ出なければならない。

制海権は夜だけは日本側にあるが、夜が明けると米側に奪い返される。このために、日本軍はラバウル～ガダルカナル島中間点のショートランド泊地を待機位置として、月のない闇夜を選んで、北方航路、中央航路、南方航路のいずれかからガ島をめざした。米軍はこの行動を〝東京急行《トウキョウ・エキスプレス》〟と揶揄《やゆ》し、日本側は〝ネズミ輸送〟と自嘲した。「雪風」もこのネズミ輸送に参加した。

米軍は輸送船により戦車を含む重戦力を揚陸し、ヘンダーソン飛行場の防御態勢は日増しに強化された。対する日本軍は、駆逐艦の懸命な東京急行により二個師団規模の兵員を揚陸することができた。しかしながら、近代戦は火力戦であり、重戦力の海兵師団には白兵突撃は通用しない。日本軍も輸送船十一隻による重火器や弾薬の揚陸を試みたが、米側の制空権下の行動となり、七隻が途中で沈没し、四隻もガ島到着後に大破した。

日本軍は駆逐艦や潜水艦にドラム缶をくくりつけて糧食の輸送を続けるが、ガ島の陸軍兵への補給は滞り、やがて餓死者が出はじめた。中央当局（参謀本部・軍令部）が兵站を無視した攻勢終末点の判断を誤り（そのような検討すらすることなく）、現場の将兵に餓死者を出すという悲惨な状況に立ち至った。

昭和十八年二月一日、四日、七日の三次にわたり、それぞれ駆逐艦二十隻規模で、一万二千六百四十人の将兵を撤収した。「雪風」は三次にわたる撤収作戦に参加した。ソロモン海は〝駆逐艦の墓場〟といわれた。

ガ島をめぐる半年間の攻防で、十四隻の優秀駆逐艦が失われた。これらは「菊月」「睦月」「朝霧」「吹雪」「叢雲」「夏雲」「暁」「夕立」「綾波」「高波」「早潮」「照月」「羽風」「巻雲」の各艦である。陽炎型駆逐艦一隻、陽炎型第二群夕雲型駆逐艦二隻、秋月型防空駆逐艦一隻も含まれている。

機動とは、作戦または戦闘において、敵に対して有利な地位を占めるために、部隊が移動することをいう。日本海軍の一等駆逐艦は、艦隊決戦主義における夜間肉薄雷撃戦の切り札だったが、現実には低速艦の護衛、輸送船の護衛、対潜水艦戦、東京急行のような輸送などの任務に従事した。

4　集中（Mass）・経済の原則（Economy of Force）

陽炎型十八隻、夕雲型（陽炎型の第二群）二十隻合計三十八隻は、日本海軍の駆逐艦群の中核として、性能、大きさ、その装備などにおいて、当時の海洋戦の要望に沿ってまことに見事に造りあげられたものだった。レーダーの出現によって夜戦の機会が無くなったり、航空機の発達によって主力艦戦闘の機会が無くなったりした大きい意味での技術的変遷によって、このクラスの全能を発揮する場面は、かねての予想の通りではなかったにせよ、戦争の全期間を通じてよく活躍したし、ある場面では遺憾なくその能力を発揮したのであった。（堀元美著『駆逐艦　その技術的回顧』）

四S（Strength－船体強度、Stability－復元性、Speed－速力、Smartness－かっこよさ）を兼ね備えた陽炎型駆逐艦は日本型駆逐艦の集大成として登場したが、大戦略（艦隊決戦思想）が時代に適応していなければ、いかに優れた戦術を発揮しても戦争には勝てない。

「雪風」は激しく変化する戦略環境の中で進化しつづけた。

基準排水量二千トン、水線長百十六・二メートル、最大幅十・八メートル、五万二千馬力、速力三十五ノット、十八ノットで五千カイリの航続力という限られた船体の中に、有形戦闘力を最大限に集中しなければならない。「雪風」は、一発で巡洋艦を撃破できる九三式酸素魚雷十六本を腹に抱えて、まさに夜間肉薄雷撃戦の申し子として登場した。だが、現実の戦場は日本海軍の想定をはるかに超えていた。ダーウィンの進化論に〝強いものが生き残るわけではない。賢いものが生き残るわけでもない。変化に対応できるものだけが生き残る〟という人口に膾炙《かいしゃ》した言葉がある。レーダーの登場、艦載機との戦い、役割の拡大という変化に「雪風」は機敏に対応した。逆探、射撃レーダー、ソナーを真っ先に装備し、一二・七センチ砲を一部撤去して二五ミリ機銃をハリネズミのように搭載した。

糧食（米）を詰めたドラム缶二百四十本を艦の後尾に積み、虎の子の九三式酸素魚雷八本を陸上に揚げて、戦力を半減しながらも、「雪風」はじめ最新鋭の駆逐艦はガ島の陸軍将兵への〝ネズミ輸送〟に黙々と従事した。駆逐艦本来の役割ではないと寝言を言ってもはじまらない。これが戦場の現実だ。

必要なものを無限大に増強できるわけではない。限られた船体の中で、省けるものは思い切って捨てなければならない。集中の原則と経済の原則のバランスをとりながら、「雪風」は絶えず進化して生き残った。

5　主動の原則（Offensive）・統一の原則（Unity of Command）

駆逐艦は精巧なシステム兵器であると同時に全身これ神経といった靭強な有機体である。艦長の指令はすかさず末端にまで届き、各部署はあたかも艦長の手足の如くそれぞれの機能を全力で完璧に果たす。艦長の人格が艦の気風を形成し、艦長の決断が艦の運命に直結する。強運の艦長は艦に好運を呼び込む。

昭和十九年十月十七日、マッカーサー将軍指揮下の大船団がレイテ湾に進入して上陸を開始した。十九日、連合艦隊は「捷一号作戦」を発動して栗田艦隊にレイテ湾殴り込みを命令した。栗田艦隊主力（戦艦五、重巡洋艦十、軽巡洋艦二、駆逐艦十五）は、二十二日ブルネイ泊地を出発してレイテ湾をめざした。航空機の掩護のない裸の艦隊である。

二十五日の夜明け、栗田艦隊はサマール沖で米海軍護衛空母群と不期に遭遇した。彼我の距離は三万メートルである。「大和」の巨砲が一斉に火を吐き、不期遭遇戦の幕が切って落とされた。敵艦載機の反撃も熾烈《しれつ》で、混戦状態となったが、午前九時頃、旗艦「矢矧」以下第十七駆逐隊の「浦風」「磯風」「雪風」の三艦は米空母群に突撃を開始した。「雪風」は一万五千メートルで空母に魚雷四本を発射（命中を確認）し、一二・七センチ砲で敵駆逐艦に猛撃を浴びせた。

「雪風」が敵空母に六千メートルに迫ったとき、突如、戦闘中止の命令が下った。

「艦長、旗艦からの緊急信号です。戦闘中止、全艦隊直ちに集合の命令が出ました」

通信士が艦橋に駆けこんでこう報告した。

「なにッ？　戦闘中止だと？　ふざけるなッ！　かまわん、雪風だけでもそのまま殴り込めッ！」

寺内艦長は血相を変えて怒鳴った。

「でも艦長、戦隊司令部からすぐ引き返せとの命令が――」

「馬鹿をいえッ！　引き返せるもんか。眼の前に敵の空母がいるんだぞ。見敵必殺の精神を忘れたのか。ほかの艦は知らん。俺の雪風は突進するッ！」（『駆逐艦雪風誇り高き不沈艦の生涯』）

高名な軍事記者伊藤正徳は『連合艦隊の栄光』でこの場面を、〝このとき、「眼前に敵空母が見えてるではないかッ」と叫びながら、眦《まなじり》を決して甲板上を艦首まで駆けて行ったのは艦長寺内中佐であった〟と共感をこめて書いている。第五代艦長寺内正道中佐の闘志こそは「雪風」の烈々たる闘魂そのものであった。

昭和二十年四月七日、沖縄をめざして特攻出撃した戦艦「大和」以下十隻の第二艦隊は、四波におよぶ米艦載機の空襲を受け、午後二時頃生き残っていたのは「雪風」「初霜」「冬月」「涼月」の駆逐艦四隻のみであった。「雪風」の寺内艦長は、「冬月」に乗艦している先任指揮官に「任務を遂行させていただきたい」と再三信号を送り、返答を待ち切れず沖縄に向けて艦首を立てた。

艦が健在で、艦長の闘志がつづくかぎり、「雪風」は一個の強烈な意志をもった有機体の如く、さらに苛烈な戦場を求める。これこそが主動の原則である。「雪風」には、トップの寺内艦長から末端の一兵員まで、「雪風」は不沈艦であるという絶対的な信念——断じて行えば鬼神もこれを避く——が一本の太い棒として貫かれている。

このことも統一の原則の生きた姿である。

6　簡明の原則（Simplicity）

シンプル・イズ・ザ・ベストが簡明の原則の究極の姿である。

通常駆逐艦四隻をもって駆逐隊を編成し、三または四個駆逐隊をもって水雷戦隊が形成される。昭和十八年十一月三十日、第二水雷戦隊（司令官田中頼三少将）の駆逐艦八隻がドラム缶輸送でガダルカナル島へ向かった。第十五駆逐隊の「陽炎」「黒潮」「親潮」、第二十四駆逐隊の「江風」「涼風」、第三十一駆逐隊の「高波」「長波」「巻波」の八隻で、旗艦「長波」に将旗がひるがえっている。

三十日深夜、ルンガ岬沖でドラム缶の揚陸作業に着手したとき、米重巡艦隊（重巡四隻、軽巡二隻、駆逐艦三隻）九隻はすでにレーダーで第二水雷戦隊を捕捉し、迎撃態勢を整えていた。米艦に一番近かった「高波」が米艦を発見すると、田中司令官はすかさず「揚陸やめ、戦闘」と命令した。直ちに戦闘配置に付けとの意である。ほとんど停止していた各艦は、直ちに戦闘態勢をとり、最大戦速にあげた。米側が一瞬早く先制射撃を開始したが、田中司令官は「全軍突撃せよ」との命令を発した。各艦は脱兎のごとく得意の夜襲肉薄雷撃戦に突入し、集中射撃をあびた「高波」を喪失するも、米重巡艦隊を全滅させるという戦果を挙げた。

司令官が「全軍突撃せよ」と命令すれば、各艦は群狼の如く、艦長以下火の玉となって敵艦に肉薄し、必殺の魚雷を発射する。ルンガ沖夜戦は、シンプル・イズ・ザ・ベストを絵に描いたような駆逐艦群の鮮やかな戦いで、簡明の原則の極みである。

ルンガ沖夜戦には「雪風」は大改装中で参加していないが、陽炎型駆逐艦三隻、陽炎型第二群夕雲型駆逐艦三隻が主役を演じた。日本の駆逐艦は、時と場所を得れば、このような戦いができるという見本のような海戦であった。

「雪風」は世界一の好運艦といわれる。

陽炎型という傑作駆逐艦としてのスタート、逆探、レーダー、対空火器などの装備による絶えざる進化（有形戦闘力の強化）、歴代艦長と乗員が一体となって形成した見敵必殺の気風（無形戦闘力）などが渾然一体となって、世界戦史に燦然と輝く好運を呼び寄せた。

朝鮮戦争に見る「戦いの原則」

——制限戦争〈政治と軍事〉の戦い——

朝鮮戦争は今日に至るも、国際法上は「休戦」中だ。東京都福生市の米空軍横田基地には現在も〝国連軍後方司令部〟が存在する。休戦成立（一九五四年七月二十七日）後に設置されたことがその根拠となっている。国連後方司令部は当初キャンプ座間に置かれ、二〇〇七年十一月に横田基地に移転した。

朝鮮半島では北緯三十八度線南北の非武装地帯（ＤＭＺ）をはさんで、朝鮮民主主義人民共和国軍（以下北朝鮮軍と略称）大韓民国軍（以下韓国軍と略称）が対峙し、ときには小競り合いや武力衝突が起きている。二〇一〇年三月には韓国哨戒艦「天安」沈没事件、同年十一月には延坪島《ヨンピヨンド》砲撃事件が起き、一触即発の緊張感に包まれた。

戦争が勃発した一九五〇（昭和二十五）年六月二十五日、わが国は米陸軍第八軍を中心とする連合国軍（実質的には米軍）の占領下に在った。第八軍には四個師団（第七歩兵師団、第二四歩兵師団、第二五歩兵師団、第一騎兵師団）が隷属していた。マッカーサー元帥が連合軍最高司令官兼米極東軍司令官であり、実質的な日本の統治者であった。

朝鮮戦争は、第二次世界大戦終了直後から始まった米ソの冷戦下における、北朝鮮軍と韓国軍、北朝鮮軍と国連軍の宣戦布告なき制限戦争で、実質的には米国対ソ連・中国の代理戦争だった。三年余の激しい戦いは、国土の荒廃と民族間の憎悪をもたらせ、三十八度線を固定させただけであった。

朝鮮半島に戦争が勃発し、わが国では戦争特需が起こり、敗戦後疲弊していた国土・国力回復の転機となり、その後の急速な経済成長へとつながった。日本国憲法（昭和二十四年五月三日施行）により軍備を放棄したわが国は、マッカーサー指令により警察予備隊を創設（昭和二十五年十二月二十九日編成完結）するが、国家の根本的な問題である再軍備をその場しのぎの安易な手法（憲法を改正せず）でスタートし、今日に至るもそのくびきから脱出できないという禍根を残した。

朝鮮戦争は北鮮軍の奇襲攻撃に端を発し、朝鮮半島南端の釜山から北端の鴨緑江まで三十八度線をはさんで大軍が何度か往来し、最終的に元の鞘に落ち着いた。局地的には大規模な作戦や激しい戦闘があり、戦いの原則がいかんなく発揮された。しかしながら、戦争全体は「制限戦争」という色彩が濃く、政治と軍事の複雑なドラマが多く見られた。

本稿は『戦後世界軍事資料1・2』(戦略問題研究会編、原書房)、『朝鮮戦争概史』(陸戦学会)、『朝鮮戦争・多富洞の戦い』(田中恒夫著、かや書房)、『朝鮮戦争I〜III』(児島襄著、文春文庫)、『アメリカ海兵隊』(野中郁次郎著、中公新書)、『ARMR in Korea』(Jim Mesko squadron/signal publications inc.)を主として参考にした。

1　警戒の原則 (Security)

一九五〇年六月二十五日(日曜日)早朝、三十八度線の全線にわたる一斉射撃により、北鮮軍の攻撃が開始された。開戦は完璧な奇襲となり、北鮮軍は三日間で韓国の首都京城《ソウル》を陥落させ、急派された米地上部隊を烏山《オサン》で一蹴し、米第二四歩兵師団を大田《テジョン》で撃破し、七月下旬から八月上旬頃、一気に大邱《テグ》・釜山《プサン》を衝く態勢を見せた。

韓国政府・韓国軍は奇襲され、行動の自由を失い、後手の対応で為す術もなく敗退をかさねた。韓国軍は、敵に奇襲されることなく行動の自由を保持しながら本然の目的に専念する、という〝警戒の原則〟の対極に置かれた。朝鮮戦争は勝者なき戦争といわれるが、北朝鮮軍に武力侵攻を躊躇させるに値する政治的・軍事的な条件があったならば、朝鮮半島の将来はちがった形になったかもしれない。

朝鮮戦争の遠因は、一九四五年八月十五日以降の日本軍の武装解除を、北をソ連軍に委ね、三十八度線以南を米軍が行なったことにある。米国は一時的、便宜的、かつ不用意に三十八度線を設定し、確たる戦後処理の方針もなくソ連の意図を見誤って、結果的に朝鮮半島を南北に分断させた。

ソ連は、北朝鮮に社会主義国家（朝鮮民主主義人民共和国）を誕生させ、第二次世界大戦当時のソ連軍に似た軍隊（北朝鮮人民軍）を創り、装備を提供し、教育訓練を指導した。一九五〇年頃の北朝鮮軍は、人員十三万五千人、戦車百五十両、砲六百門、航空機二百機を数え、完全編成の歩兵師団八個などを有していた。

南朝鮮に自由主義国家としての大韓民国が誕生し、国軍も創設されたが、米国は対韓軍事援助には消極的であった。韓国軍の実体は治安維持部隊で、戦車も戦闘機も保有していなかった。韓国軍は北鮮軍に関する正確な情報を入手し、米軍にM26中戦車パーシング百八十九両と戦闘機の供与を要請したが断わられた。強力な兵器を韓国に供与すると、韓国軍が北進するということが理由のようだ。開戦当時の韓国軍は、人員九万八千人、装甲車二十七両、航空機三十二機だった。

北朝鮮軍は機動作戦向きの編成で、最新式の戦車（T34中戦車）、装甲車、火砲などを多数装備していた。対する韓国軍は警備隊の軽装備で、戦車は一両も保有せず、全体的に北鮮軍との戦力格差は極めて大であった。このような両軍の著しい戦力格差も、北鮮軍の南進による武力統一を誘引した大きな要因である。

北朝鮮に南進を決意させた国際情勢の大きな動きがあった。

ソ連占領軍は一九四八年十二月全部隊が北朝鮮から撤退した。撤退後は軍事顧問団三千人が残置し、北朝鮮軍の訓練を担当した。当時、中国共産党は旧満州を支配下に入れていた。米占領軍はソ連軍に呼応して四九年六月に韓国から撤退し、第七歩兵師団が韓国から北海道へ移動した。軍事顧問団五千人が韓国軍の訓練指導に当たった。

一九四九年十二月、米国の国家安全保障会議は「もし共産側の武力侵攻が行なわれても、米国は朝鮮へ地上軍を派遣しない」と決定した。五〇年一月十二日、アチソン国務長官は、韓国援助続行の必要性を強調しながらも「西太平洋における米国の防衛線は、アリューシャン―日本―沖縄―フィリピンを結ぶ線である」と述べ、韓国と台湾を除外した。いわゆる「アチソン声明」である。これらが北朝鮮の南進を促進したことは否定できない。

開戦直前の韓国軍の警戒感の欠如を示すエピソードある。種々様々な謀略が絡んでいると推定されるが、二十三日二四〇〇（深夜十二時）韓国軍の非常警戒が解除され、週末の休暇・外出が許可され、侵攻時に隊員不在の虚をつかれた。侵攻前日の土曜日夜、京城の陸軍本部で祝宴があり、軍部首脳、第一線指揮官、米軍事顧問団の多数が参加している。

（六月二十五日午前の京城市内）、北朝鮮軍の攻撃を知っても、市民の間に動揺は発生しなかった。軽い興奮がひろまったが、それは明るい興奮と表現されるものであった。

かねて、政府と軍部は韓国軍の優勢を指摘し、もし北鮮軍が「無謀な南侵」をこころみたら、韓国軍は強力なる反撃を加えて撃退する、と強調していた。

そのときは、「昼食は平壌で、夕食は新義州でとる」——と広報担当官は唱え、一般市民に韓国軍に対する信頼感を植えつけていた。

市民の多くにとっては、だから、北鮮軍攻撃のニュースは韓国軍勝利の予告とうけとられたのである。（児島襄著『朝鮮戦争Ⅰ』文春文庫）

事実は、韓国の国民が筆舌に尽くし難い辛酸をなめるが、韓国政府も軍部も情報公開をおこたり、その代償を国民の血であがなった。政治的にも軍事的も奇襲を受けない態勢を整備することが、政治の国民に対する最低限の責任である。

2　奇襲の原則（Surprise）

戦場で受ける奇襲の形態は区々であるが、対抗手段を持たない場合、奇襲された部隊はパニックに陥《おちい》る。六月二十五日の開戦劈頭、北鮮軍は百五十両のソ連製T34／85中戦車を正面に押し立てて、韓国軍の防御態勢を打ち砕いた。奇襲された韓国軍の主要な対戦車手段は、二・三六インチバズーカ、三七ミリ対戦車砲、五七ミリ対戦車砲などで、T34中戦車には歯が立たなかった。

奇襲した側は、意表をつくことで得た成果を速やかに拡大し、目標を達成しなければならない。これでもかとたたみかけるスピードが決め手となる。北鮮軍は三日間で京城《ソウル》を陥落させ、急遽派遣された米スミス支隊を烏山で一蹴し、米第二四歩兵師団を大田で撃破し、半島南部の大邱・釜山に迫った。

九州から空輸された歩兵大隊規模のスミス支隊（第二四歩兵師団）は、烏山で北鮮軍のソ連製T34中戦車に一蹴された。米軍はスミス支隊を増援するため、急遽、日本に駐屯していた第七八戦車大隊を釜山に船舶輸送した。第七八戦車大隊の装備戦車はM24軽戦車チャフィー。大隊は七月十日、全義《チョニ》でT34中戦車と初めて交戦し、一両撃破したが自らは七両失った。M24軽戦車は全義以降T34中戦車との交戦を回避した。八五ミリ砲と七五ミリ砲の戦闘は端《はな》から勝負にならなかった。

M24軽戦車は偵察戦車として戦場を軽快自在に機動し、敵情を偵察し、必要に応じて敵の前進を遅滞させる戦闘を期待されていた。T34中戦車は、欧州戦線の熾烈な火力戦を制したソ連軍の主力戦車で、M24軽戦車で太刀打ちできる相手ではなかった。M24軽戦車はオートマチックで車両としての完成度は高かったが、戦場における戦車戦の勝敗は、車両技術の優劣ではなく、あくまで戦車砲の口径の差であり、これが古今東西の冷徹な現実である。

米軍は、朝鮮半島の山岳地形、貧弱な道路網、脆弱な橋梁は戦車の運用に不向きであると判断して、韓国軍に戦車を貸与しなかった。韓国軍は米国にM26中戦車（九〇ミリ砲）の貸与を要求したが拒否された。北鮮軍は韓国軍のこの弱点をついて、ソ連製のT34／85中戦車を先頭に立てて、一気に南進をはかった。

無人の野《や》を行くがごときT34中戦車に対して、米軍は手を拱《こまね》いていたわけではない。朝鮮半島の制空権は米軍が握っており、戦闘爆撃機によるナパーム攻撃はT34中戦車の制圧に効果的であった。また、完成したばかりの三・五インチバズーカ（八九ミリ対戦車ロケット）も大田の戦闘から第一線に投入された。三・五インチバズーカは、射程二百メートルでモンロー効果により百十ミリの鋼板を侵徹し、T34中戦車を撃破できた。

北鮮軍T34中戦車の不敗神話に終止符を撃ったのはM26中戦車パーシングだった。M26中戦車パーシングは、ドイツ軍ティーガー戦車に対抗すべく開発された戦車で、一九四五年に制式化された。欧州戦線では活躍する機会はなかったが、太平洋戦線の沖縄戦に投入され、日本本土上陸に備えて待機中に終戦をむかえた。九〇ミリ戦車砲を搭載し、重量は四十一トンである。

八月二日、米本土西海岸カリフォルニア州から、第八軍増援のため第一海兵旅団／第五海兵連隊が釜山に到着した。この中にM26中戦車中隊が含まれていた。第一海兵旅団はトラブル・シューターの切り札として馬山正面に投入された。十七日に多富洞《タブドン》正面の韓国第一師団を増援した米第二七歩兵連隊の編成に、第七三戦車大隊C中隊（M26中戦車二十三両）が含まれていた。八月十七日の多富洞・馬山《マサン》の戦闘で、M26

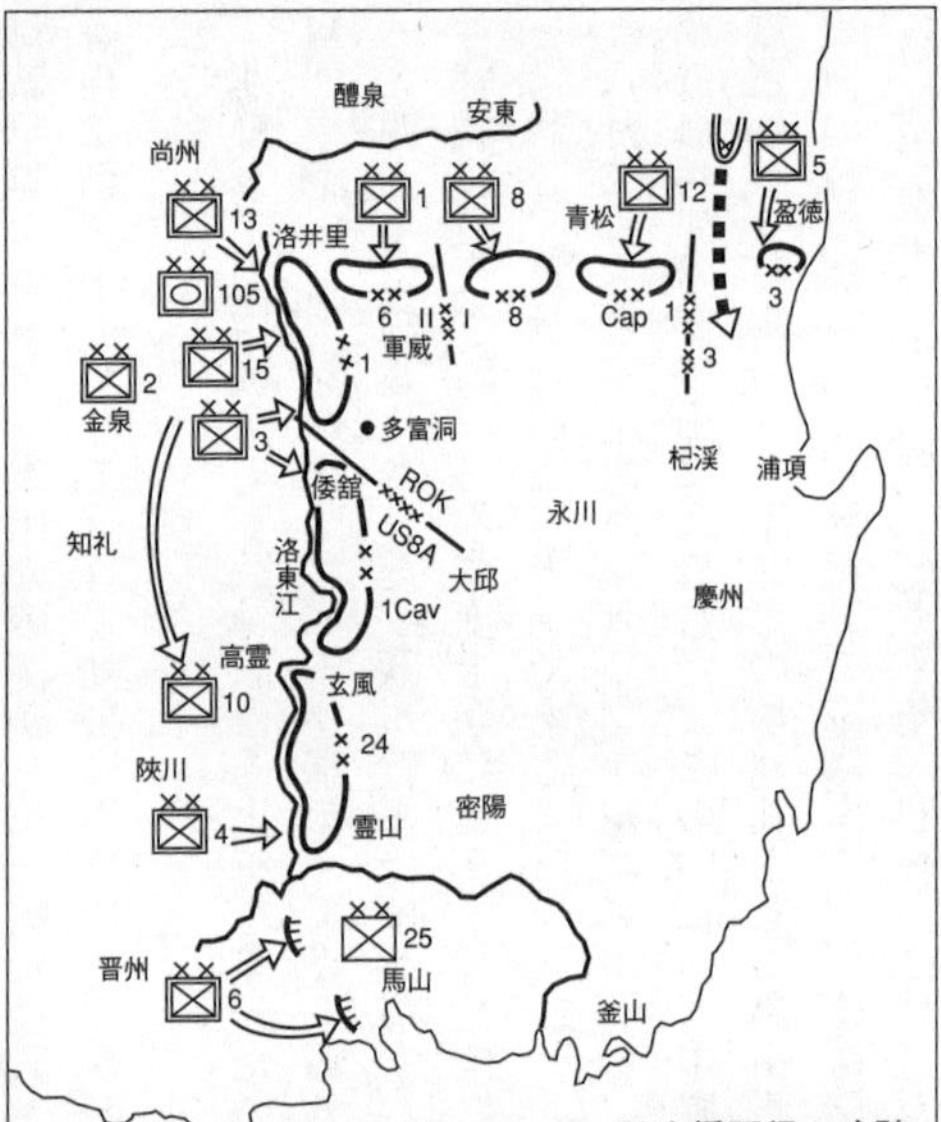

釜山橋頭堡の攻防
（『朝鮮戦争・多富洞の戦い』から転載）

中戦車は本格的に戦闘加入し、T34中戦車の不敗神話にとどめを刺した。

付言すれば、八月上旬から下旬にかけて、日本国内から四個戦車大隊、米本土から二個戦車大隊が逐次釜山に到着し、釜山橋頭堡（南北百三十五キロ、東西九十キロ）の各戦線に配置された。八月末ごろには、米軍の中戦車（M4、M26）は五百両に達していた。

北鮮軍の戦車は、ソ連で創設された二個機甲旅団の到着を得て、約百両だった。

奇襲において最も重要なことは、敵に「対応のいとまを与えない」ことである。

北鮮軍は、開戦からおよそ一ヵ月間奇襲の効果を最大限に享受したが、釜山橋頭堡の突破は成らなかった。攻勢終末点付近の戦闘、長距離の連続戦闘による損耗と疲労の累積に加え、米軍にナパーム弾、五インチ成型弾、三・五インチバズーカ、M26中戦車パーシング、M4A3E8中戦車シャーマンなどによるT34中戦車対抗手段を準備する時間の余裕を与え、奇襲の効果は著しく減殺された。

（余談となるが）米陸軍兵士の制服の襟に兵科徽章（Branch Insignia）が輝いている。機甲科（Armor）のデザインは、クロスしたサーベルに正面から見たM26中戦車パーシングが重なり、機甲科が騎兵と戦車が一体となった兵種であることを象徴している。

3　集中の原則（Mass）

朝鮮戦争初期の山場は釜山橋頭堡の攻防だった。一般的には釜山橋頭堡と通称されているが、米軍は The Pusan Perimeter —釜山防御線、韓国軍は洛東江防御線と呼んでいる。本稿では釜山橋頭堡を使用する。

作戦要務令が「戦捷の要は、有形無形の各種戦闘要素を綜合して敵に優る威力を要点に集中発揮せしむるに在り」というように、釜山橋頭堡の攻防は、戦車や火砲の性能・威力・数量など計算できる有形戦闘力と、部隊の規律、士気、団結あるいは訓練の精到といった目に見えない無形戦闘力の集中競争であった。

米軍（国連軍と同意義）が釜山橋頭堡を最終防御線と定めたのは、一九五〇年七月二十九日である。第八軍司令官ウォーカー中将は、There will be no more retreating. We are going to hold this line.（我々はもう退かない、ここを守るのだ）と隷下全将兵に不退転の覚悟をうながした。この時点で、北鮮軍はあくまで大邱・釜山へ突進すべく士気旺盛であった。

八月一日夕に下達された洛東江陣地占領命令に基づき、米軍および韓国軍が釜山橋頭堡といわれる防御線を構成したのは、八月四日朝である。釜山橋頭堡は南北約百三十五キロ、東西約九十キロの長方形で、西側の大半は洛東江に面し、北側は山地となっている。防御正面は二百二十五キロあり、兵力に比して正面が広すぎるという欠陥があるが、それを補うだけの利点を有していた。東京近郊の千葉—高尾を底辺とし、西は前橋—沼田、北は日光あたりまでカバーし、関東平野がすっぽりと入る広さである。

戦力の概略比較	
兵員	2対1
戦車	1対1
野砲	?
兵員	2対1
戦車	5対1
砲迫	3対1

釜山橋頭堡攻防における戦力変化比較表

		連合国軍		北朝鮮軍	
8月上旬	韓国軍 第8軍	5個師団 3個師団 中戦車 野　砲	56000 50000 50両 ?	10個歩兵師団 1個戦車師団 中戦車 野　砲	57000 3000 40両 ?
8月下旬	韓国軍 第8軍	5個師団 5個師団 中戦車 砲　迫 (第5空軍)	91000 83000 500両 700門 1200機	13個歩兵師団 1個戦車師団 2個戦車師団 中戦車 砲　迫	98000 100両 250〜300門

釜山橋頭堡内は、十万余の連合国軍が機動反撃を行ないながら防御するに十分な地積があり、釜山港、延日空軍基地などの補充部隊や補給品の受け入れ基地が存在し、中央部の大邱には韓国臨時政府と第八軍司令部が置かれていた。ウォーカー中将は、連隊戦闘団をいくつか予備として控置し、緊急を要する正面に機動的に運用した。

八月一日頃、北鮮軍に勝利の女神がほほえむチャンスがあった。

北鮮軍最強部隊の第四・第六（所在がつかめていなかった）の二個師団が、配備の薄い西南部を東進しているのが判明し、第八軍司令官は、急遽、尚州南側で防御中であった第二五歩兵師団を馬山正面に転用した。第二五歩兵師団は鉄道などあらゆる交通手段を使って、三十六時間で二百四十キロを機動して、北鮮軍の勝利の芽を摘んだ。

八月上旬頃、国連軍と北鮮軍の戦力比は兵員数で二対

米軍(国連軍)地上戦力投入速度

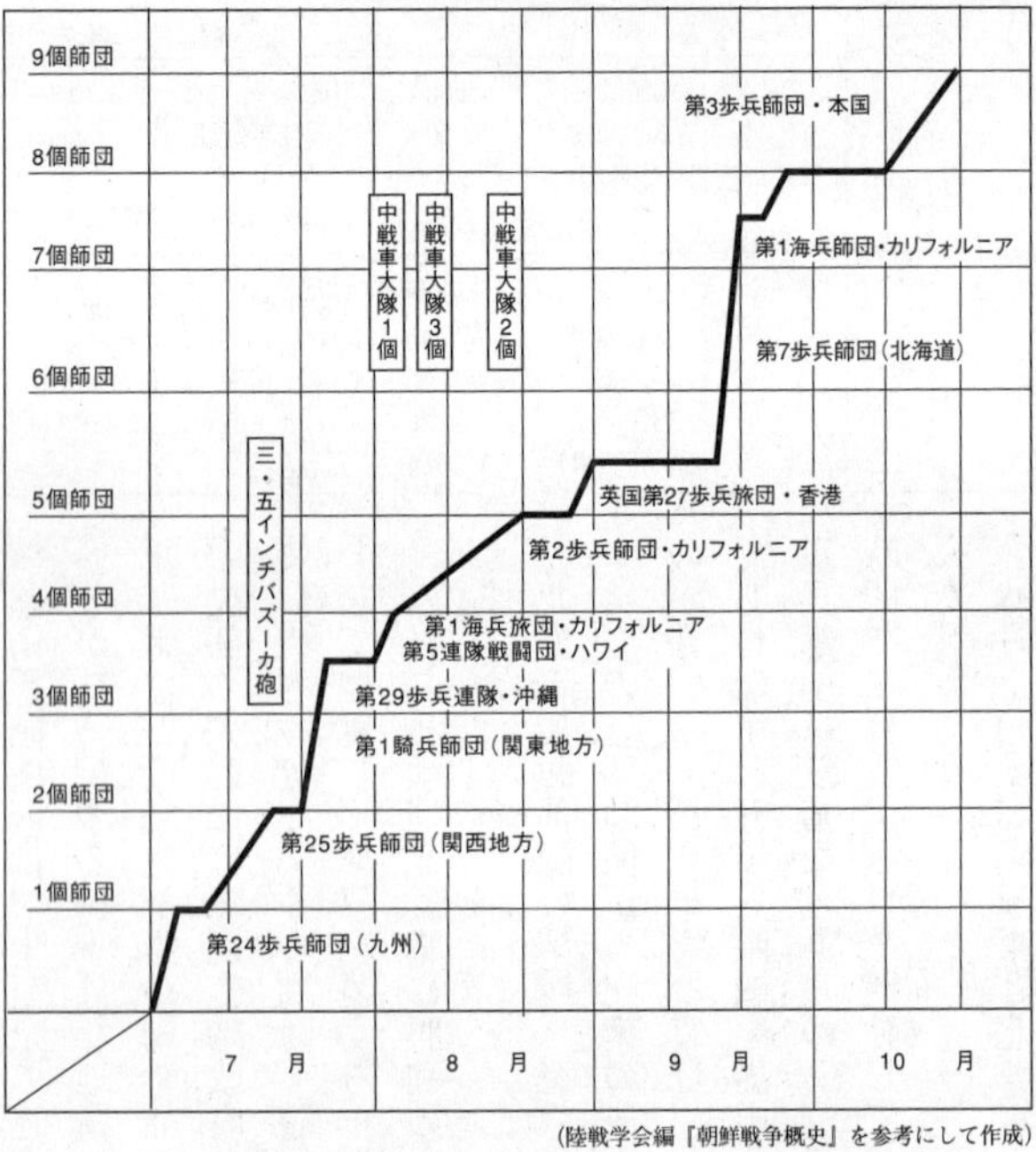

(陸戦学会編『朝鮮戦争概史』を参考にして作成)

一、戦車の数量ではおおむね対等であった。

八月下旬になると、兵員数の比率は変わらないが、戦車の数量で五対一、砲迫の門数では三対一であるが、弾薬の補給量、第五空軍の一千二百機などを加味すると絶対的な戦力差となっていた。(「釜山橋頭堡における戦力変化比較表」参照)

七月以降、米軍(国連軍)は日本駐屯の四個師団、本国西海岸の師団などを急ピッチで朝鮮半島に投入した（「米軍地上戦力投入速度」参照）。同時に補充兵員、膨大な補給品を湯水のように釜山橋頭堡に注入した。日本列島が空軍の攻撃発進基地、国連軍の兵站基地（補給、整備、輸送、衛生等の支援基地）として絶大な価値を発揮し始めた。

Ｍ４中戦車の七五ミリ砲を七六ミリ砲に換装、野砲一〇五ミリ榴弾砲の仰角を七十六度に改良、損傷車両の整備など、日本国内の工場がフルに活用された。また、国内の備蓄弾薬を緊急輸送するとともに、各種弾薬類を国内の工場で生産した。

米軍が半島の制海権・制空権を握っており、部隊、補充兵員、補給品の輸送が妨げられることがなかったのも、米軍の戦力を急速に向上させることに寄与した。七月下旬までに釜山港には二百三十隻（一日平均十六隻）の輸送船が到着している。

北鮮軍も戦力の増強を図ったことは当然である。ソ連で編成された二個戦車旅団が平壌から金泉まで鉄道輸送され、釜山橋頭堡攻撃に使用されたが、北鮮軍は人的予備戦力が乏しく、戦闘員の急速な補充が困難であった。また、第一線部隊への補給線が長く、昼間の補給活動は米空軍機により妨害され、米国との戦力集中競争は不利であった。

有形戦闘力は右のようであったが、無形戦闘力は如何？

北鮮軍の各歩兵師団はソ連軍の狙撃師団に類似し（戦車、重砲を欠く）、訓練も師団演習まで終えていた。兵員の三人に一人は歴戦者で、将校・下士官の大半はソ連・中共帰りの筋金入りである。ソ連は北鮮軍創設当初から武力南進を方針として指導していた。

韓国軍の歩兵師団は、師団により編成が異なり、装備は警察隊に毛の生えた程度であった。訓練も大隊、中隊レベルであり、旧日本軍・満州軍将兵を基幹としたが、歴戦者は少なく、特に上・中級指揮官に人材が不足した。韓国軍の本質は治安維持部隊であった。

日本に駐屯していた米陸軍の四個師団は占領管理の部隊で、四年余の安逸な勤務環境に慣れ、充足率も低く（戦闘部隊は約五十パーセント）、訓練も不足し、戦闘部隊ではなくなっていた。松本清張の『黒地の絵』のモデルとなったような出動米兵によるおぞましい不祥事が、九州北部では今日なお語り伝えられている。

このような背景を踏まえて、北鮮軍は、当初、有形・無形戦力で韓国軍・米軍を圧倒し、破竹の進撃を続けた。韓国軍は戦車パニックを起こし、米軍も烏山、大田などで大損害を被った。初期作戦の勝敗は時間との競争で、有形戦力が充足されるに従って、韓国軍・米軍の無形戦力も次第に向上した。Ｔ34中戦車に対抗し得る新装備（ナパーム、バズーカ、M26パーシング）が逐次補給され、本国から補充員が到着し、各部隊は戦闘経験を積み上げ、やがて無形戦力においても北鮮軍に匹敵できるようになった。

4　経済の原則（Economy of Force）

極東軍司令官（マッカーサー元帥）が使用できる野戦部隊は、日本国内に駐屯していた四個師団である。これらは第七歩兵師団（北海道）、第一騎兵師団（関東地方）、第二五歩兵師団（関西地方）、第二四歩兵師団（九州・山口）、で、これらを統括する第八軍司令部が神奈川県のキャンプ座間に置かれていた。

朝鮮戦争勃発当時、ソ連は樺太、千島に数個師団の兵力を置き、沿海州方面には十個師団以上を配置し、北海道への侵攻はいつでも可能であった。一九五〇年二月――朝鮮戦争勃発四ヵ月前――「中ソ友好同盟相互援助条約」が締結され、「日本又は直接・間接に侵略行為について日本と連合する国の侵略と平和の破壊を防止するため」、攻撃を受けた場合は相互にすべての手段をもって軍事的および他の援助を与えることをうたっていた。

日本の敗戦直前に、ソ連のスターリン首相がトルーマン米国大統領に「留萌―釧路以北の北海道に進駐する」ことを要求し、拒絶されていた。ソ連が北海道に食指を動かしていることは事実で、日本の防衛を担っているマッカーサー元帥は、北海道周辺のソ連軍の存在を脅威と感じていた。

六月二十五日以降、北鮮軍が騎虎の勢いで朝鮮半島を南下している現状に鑑み、これを止め、自由韓国を守るためには、日本に駐屯している四個師団を半島に早急に投入することが焦眉の急である。しかしながら、日本列島を空っぽにするとソ連軍の北海道侵攻があり得る、日本の安全保障の問題をどう解決するか？

限られた戦力を決勝点に最大限集中し、その他は最小限の戦力で守らなければならない。これこそが経済の原則である。マッカーサーは、四個師団の全力を朝鮮半島に投入することを決め、七月八日――北鮮軍は交通の要衝天安を奪取し、第一陣として派遣された第二四歩兵師団は逐次戦闘加入するも、歩兵連隊が各個に撃破されつつあった――日本国政府に対して「書簡」で七万五千人の警察予備隊の創設を指令した。最小限、日本国内の治安の維持は日本政府の責任でやらせようとの意図だった。

昭和二十四（一九四九）年は、国鉄争議をめぐって下山事件、三鷹事件、松川事件が相次いで起き、シベリアから抑留者の引き上げが再開され、十月一日には北京の天安門で毛沢東が中華人民共和国の誕生を高らかに宣言した。翌二十五年に入り、共産党関係者のレッド・パージがおこなわれ、わが国の政治・社会情勢はいまだに敗戦の傷が癒えず混沌としていた。そのようなときに朝鮮戦争が勃発した。

北海道に駐屯していた第七歩兵師団（司令部は真駒内）は仁川上陸作戦（九月十五日）に参加した。十二月二十九日、編成を完結したばかりの警察予備隊第二管区隊が真駒内のキャンプ・クロフォードに入った。翌年四月にオクラホマ州兵第四五師団が千歳に進駐し、半年間の訓練を終えて朝鮮半島に出動した。その後、朝鮮半島から第一騎兵師団が帰還し、千歳のキャンプに駐留した。

管区隊（一万五千人）は米国の歩兵師団をモデルとし、出動した米陸軍の四個師団の空白を埋めて、ソ連の脅威に対応するという構想であった。管区隊は東京（第一）、札幌（第二）、伊丹（第三）、福岡（第四）に配置された。憲法第九条とのからみがあり、その後の紆余曲折は周知のとおりである。

北海道の陸上自衛隊は、第二管区隊を基幹としていくたびかの改編を経て北部方面隊へと発展し、北方防衛に任じている。幕末には奥羽諸藩の武士が、明治以降は屯田兵、旧第七師団が北の守りにつき、敗戦後は米国駐留軍がこれを受け継ぎ、以降予備隊、保安隊、自衛隊と変遷を重ねて今日に至っている。

5　主動の原則（Offensive）

マッカーサー元帥は、京城を奪還して北鮮軍の後方連絡線を遮断するとともにスレッジ（鉄床）を構成し、釜山橋頭堡から攻撃に移転する第八軍（国連軍）をハンマーとして、北鮮軍主力を包囲殲滅することを企図した。仁川《インチヨン》上陸はスレッジを構成するための中間段階で、目標はあくまで京城《ソウル》である。

仁川上陸作戦は、国連軍が防勢から攻勢へと転換する乾坤一擲の作戦で、戦史に特筆される成功をおさめ、朝鮮戦争のターニングポイントとなった。同作戦は、着想から実施に至るまで、マッカーサー元帥の強固な意志と信念に貫かれている。

マッカーサーは、開戦五日目の六月二十九日、漢江南岸の小丘から陥落した京城を望見し、米軍地上軍投入の決意を固めた。翌三十日夜米政府から「韓国に出動し、侵入した北鮮軍を三十八度線以北に撃退すべき」任務を受領した。この時点で、「まず北鮮軍の南進を阻止した後、仁川付近に上陸して、その補給線を切断し、南北呼応して、一挙にこれを撃破する」構想を隷下部隊に明示し、九州・山口に駐屯していた第二四歩兵師団を先遣するとともに、仁川上陸の準備に着手した。

ワシントンの軍首脳部は、上陸作戦には賛成するが、上陸地点の仁川は危険すぎると考えていた。統合参謀本部議長はマッカーサーの翻意をうながすため、陸軍参謀長と海軍作戦部長を東京に派遣した（八月二十三日）。上陸実施部隊の海軍と海兵隊も仁川上陸に強力に反対した。東京での会議の模様は多くの著書に書かれているが、『マッカーサーの二千日』からその一部を引用する。

「諸君が実行不可能としてあげたいろいろな点は、ひっくりかえせば、それだけに奇襲の効果があがるということにもなる。なぜならば、敵の司令官はわれわれがまさかこんな向こう見ずな作戦をやるとは、考えてもいないに違いないからだ。奇襲こそ、戦争で成功をおさめる最大の要素だ」

マッカーサーはここで、一七五九年カナダのケベックを守っていたモントカーム侯爵が、町の南側の絶壁はどんな軍隊でも絶対にのぼれないと考えて、北側の攻撃にもろい方の岸に防備を集中したのに対し、攻撃するジェームズ・ウルフ将軍は小部隊でセント・ローレンス川をのぼり、南側の絶壁をよじ上ってしまい、ケベックを陥落させ、英仏のカナダ戦争に終止符をうった、という故事を引く。

「北朝鮮はモントカームのように、仁川上陸は不可能と考えているだろう。私はウルフのように、奇襲で仁川を取ってみせる」
「仁川とソウルを奪取すれば、敵の補給線を断ち切り、朝鮮半島の南半分を北から遮断してしまうことができる。敵の弱点は補給にある。敵は南へ進めば進むほど、輸送線がのびてもろくなり、それだけ補給をかき乱される危険が多くなる」
「仁川上陸は失敗しない。かならず成功する。そして十万の生命を救うことになる」

（袖井林二郎著『マッカーサーの二千日』中公文庫）

統合参謀本部議長は必ずしも納得したわけではなく、八月二十八日に条件付きで上陸作戦に同意した。仁川上陸に条件を付け、本心は群山《クンサン》地区であることを示唆していた。マッカーサーは「私も仁川が五千対一の賭けであることは承知している。しかし、私はやるよ。これまでもこの種の賭けはやってきたからね」と押し切り、八月三十日、国連軍司令官として「仁川上陸に関する国連軍作戦命令」を下達した。

主動の原則は、態度の原則である。旺盛な企図心をもって、自主積極的に行動し、わが意志を敵に強要し、敵を受動の立場にみちびき、戦勢を支配しようとするものである。主導権の確保が不可欠だ。

北朝鮮軍に奇襲され、予想外のスピードで半島南部に押しこまれ、釜山橋頭堡で辛うじて阻止しているが、主導権は北鮮軍が握っている。総予備ともいえる二個師団（第一海兵師団、第七歩兵師団）を橋頭堡に補強しても主導権の奪回は困難である。主導権を奪い返し、敵を受動の態勢に陥れ、戦勢全般を支配するためには仁川上陸しかない、とマッカーサーの信念はいささかもゆるがなかった。

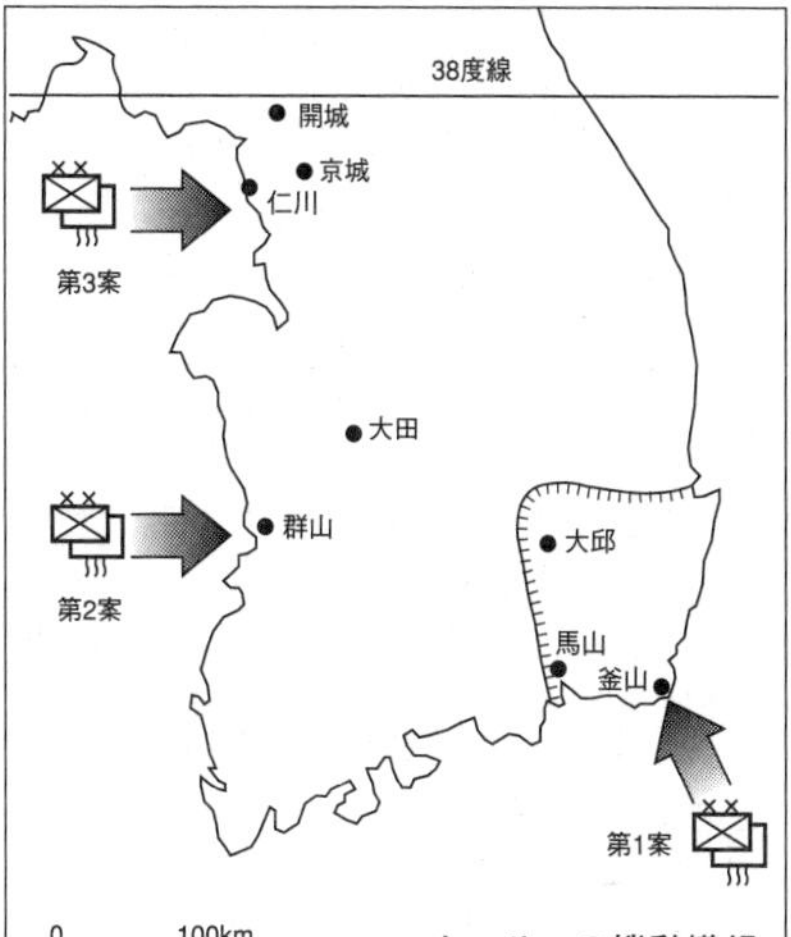

マッカーサーの機動構想

上陸部隊の第一海兵師団（カリフォルニア州から移動）は神戸港、第七歩兵師団（北海道から移動）は横浜港、第五海兵連隊（橋頭堡内から戦線離脱）は釜山港からそれぞれ出港し、合計二百六十隻の艦隊は仁川沖に集合し、一九五〇年九月十五日早朝（午前五時）の艦砲射撃から上陸作戦が始まった。マッカーサーは、司令艦「マウント・マッキンレー」の艦橋から上陸戦闘の様子を観戦した。

仁川正面の北朝鮮軍の配備はほとんどなく、仁川上陸作戦はマッカーサーの予想の通り完璧な奇襲となった。上陸軍は橋頭堡を拡大して、十七日夜金浦飛行場を確保した。上陸二週間後の九月二十七日には京城を奪還し、烏山北方高地で、北上してきた第一騎兵師団の先鋒と第七歩兵師団が提携したのは二十六日である。

釜山橋頭堡の状況――ハンマーとなる第八軍は、九月十六日から攻撃に移転したが、北朝鮮軍もこの日最後の力を振り絞って全正面で攻勢に出た。数日間彼我ともに混沌とした戦況となったが、北朝鮮軍はついに刀折れ矢が尽きた。九月二十日、第八軍は北朝鮮軍の包囲環を突破し、二十二日に北方に向かって追撃を開始した。

6　機動の原則（Maneuver）

戦闘は、一面から見れば、決勝点に対する彼我戦闘力の集中競争である。釜山橋頭堡への戦闘力集中競争には何とかメドがつき、北朝鮮軍の南進は阻止できそうである。次は虎の子の二個師団（第一海兵師団、第七歩兵師団）を最も効果的な場所に投入して、北朝鮮軍を撃破する態勢を作らなければならない。

戦術の教科書風にいえば、攻撃には、「敵をその場に拘束する」こと、「敵に対して有利な態勢を占めるように機動する」こと、「決定的な時期・地域において敵を撃滅するために打撃を加える」こと、の三つの機能がある。

拘束した敵を撃滅するために、どの方向に機動を指向するかにより「迂回」「包囲」「突破」の三種類の戦術行動がある。まず「迂回」の可能性を最大限に追求し、次いで「包囲」を、やむを得ない場合に「突破」を選択することが定石だ。

釜山橋頭堡に北朝鮮軍を拘束し、この敵を打撃して撃滅するために、どこに機動するかを示したのが図の「マッカーサーの機動構想」だ。マッカーサーは、北鮮軍が奇襲侵攻した当初から仁川上陸（第三案）の意志を明らかにしているが、戦術原則でもっとも望ましいとされる「迂回」であり、原理原則にかなっている。

第一案は、釜山橋頭堡の兵力を増強して正面から押し出す（突破する）案である。北鮮軍は補給線（後方連絡線）を後退するだけで、時間がかかり犠牲者を多く出し、敵の撃滅の可能性は小さい。冬季作戦になる可能性もあり、最悪の場合は、釜山橋頭堡で戦線が膠着する場合もあり得る。

第二案は、第八軍の左翼を強化・補強する案である。北鮮軍の補給線を遮断することはできず、一部部隊の包囲は可能であるが主力部隊の包囲はできない。上陸部隊と第八軍の連携は比較的容易で、堅実性はあるが北鮮軍を捕捉撃滅することは困難だ。

（中央統帥部は堅実性を重視し、上陸容易な群山を強く主張した。）

第三案は後方連絡線を完璧に遮断する迂回行動である。仁川～京城を奪取することにより北鮮軍への補給を途絶させ、南進した敵全力を包囲できる。スレッジとハンマーにより、一気に敵を撃滅できる可能性がある。視点を変えれば、仁川は釜山から二百四十キロあり第八軍との連携は不可能で、ハンマーに齟齬が生じると、上陸部隊が孤立する危険性がある。奇襲が前提となる案だ。

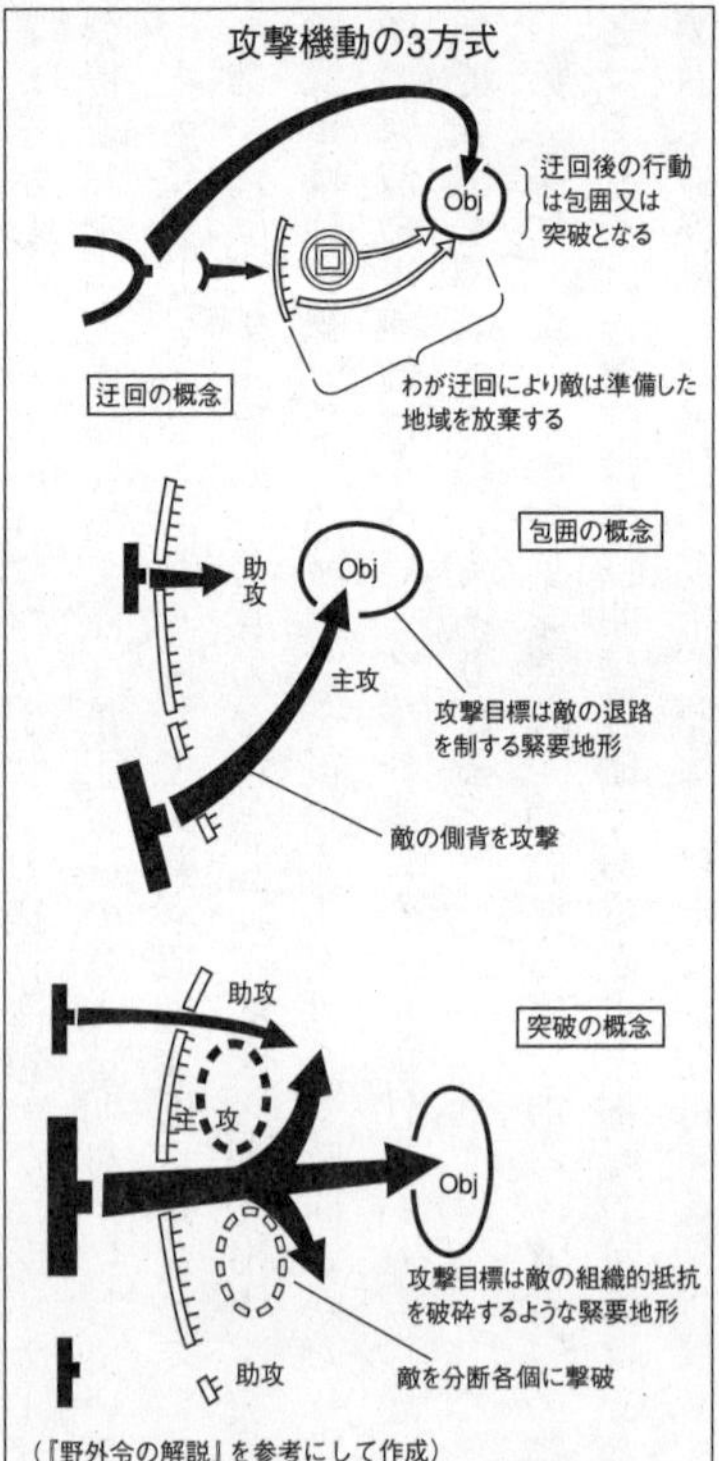

（『野外令の解説』を参考にして作成）

7　簡明の原則（Simplicity）

米国海兵隊には、「友軍を見殺しにしない」「死傷者を戦場に放置しない」という伝統がある。いかなる状況におかれても仲間と装備を見捨てない、という戦い方をシンプルにやり通してきた。小を捨てて大を生かす（一部を犠牲にして主力を生かす）という選択肢は、戦況によっては合理的必然性があるが、この場合でも海兵隊は小を捨てなかった。酷寒の北朝鮮の山地、中国人民解放軍（以下中共軍と略称）の群狼の中で、第一海兵師団は伝統的な戦い方を愚直にやり通した。

一九五〇年十一月二十七日夜、長津湖畔《チャンジン》の第一海兵師団に対する中共第九集団軍（七個師団）の攻撃が開始された。中共軍は人海戦術による正面攻撃、翼・間隙からの潜入、側背からの攻撃、退路の待ち伏せなどを同時におこなった。海兵隊は絶対的な制空権を持ち、隔絶した火力・機動力・装甲力を持っているが、部隊の行動は道路沿いに限定される。中共軍は山ばかりの地形の特性を最大限に活用して、海兵隊に対してあらゆる方向から昼夜の区別なく攻撃を反復した。戦場は氷点下三十度を超える酷寒の地である。

第一海兵師団は柳潭里に位置していた第五海兵連隊・第七海兵連隊を喝隅里《ハガルリ》に撤退させた。柳潭里―喝隅里は氷雪に覆われた山道である。距離は二十二キロ。両連隊は、一千五百人の負傷者（六百人の担送患者を含む）を連れて、昼も夜も戦いながら七十七時間かけて喝隅里に到着した。喝隅里は一大兵站基地で、約一万人の兵力と約一千両の車両が集中し、滑走路があり、輸送機の発着ができる。

第一海兵師団長は、喝隅里から空輪脱出をすすめられたが、この申し出を拒否した。輸送機を使用すれば主力部隊の脱出は可能であるが、滑走路を確保する最後の中隊規模の部隊は残置せざるを得ない。古土里《コトリ》の守備についている一個大隊基幹の部隊は単独で脱出することになり全滅する可能性がある。また戦車、野砲、車両などの重装備も空輪できない。「海兵はつねに一体である。武器も海兵のものである限り、運命は同じだ」と、師団長は徒歩行進による脱出を決断した。

喝隅里―古土里は十八キロ、古土里―真興里は十キロである。いずれも中共軍に有利な山また山の地形である。

海兵隊は、航空機、迫撃砲、野砲などの火力で掩護された回廊を、三個の梯隊を組んで、それぞれT字型の戦闘隊形で、全周から攻撃してくる中共軍とたたかいながら遮二無二押し進んだ。負傷者は喝隅里から輸送機ですでに後送し、行進中の車両に乗っているのはドライバー、助手、新たに発生した負傷者、戦死者だけで、動けるものは皆自分の足で歩いた。十二月六日早朝に喝隅里を出発し、古土里に到着したのは七日の深夜であった。古土里には暖房用のテントが用意されていた。

古土里から一万四千人の兵士と一千四百両の車両が真興里に向かった。約四十両の戦車（M4中戦車）と偵察小隊が最後尾となり、古土里を出発したのは十二月十日の深夜だった。戦車は出発前に、燃料、オイル、冷却水などの凍結を防止するため、数時間おきに暖機運転をしなければならなかった。

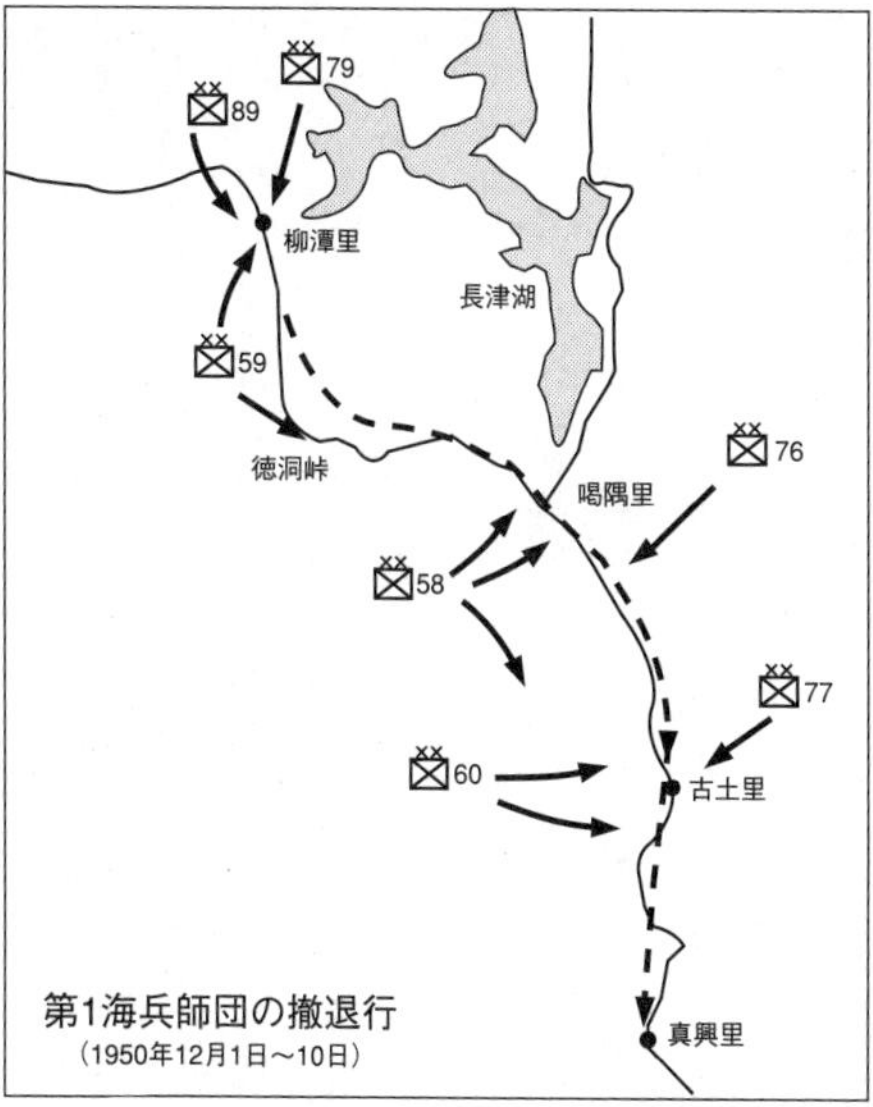

第1海兵師団の撤退行
（1950年12月1日～10日）

（筆者の私的な経験であるが）昭和五十年代の前半、北海道上富良野演習場で夜明け前に氷点下三十九度を体験した。戦車部隊の演習中であったが、寒さで人が亡くなるということが実感できた。戦車（74式戦車）はエンジンをかけっぱなしで、砲塔に搭載していた対空機関銃はオイルが凍りついて作動しなかった。

当時、駐屯地においても、氷点下二十度に下がると、非常呼集をかけて暖機運転を行なった。61式戦車の頃は、冬季はバッテリーを保護するため卸下して倉庫に保管した。気温が下がって燃料の軽油がゼリー状になったという話も聞いた。74式戦車の頃になると、耐寒用のバッテリーとなり、軽油も寒冷地仕様となり、状況は若干改善されていた。

筆者のささやかな体験であるが、酷寒の北朝鮮で戦った第一海兵師団将兵の労苦の万分の一ぐらいは想像できる。『Armor in Korea』の中に、古土里を出発する前に暖機運転するＭ４Ａ３Ｅ８の写真があり、荒涼とした戦場を彷彿させ、胸がしめつけられる。さもあればあれ、最後尾の戦車と偵察小隊は、十一日午後十一時頃真興里に到着した。

真興里―咸興《ハムフン》五十六キロ、咸興―興南《フンナム》十三キロ、いずれも開豁した平地で中共軍が跳梁《ちょうりょう》できる環境ではない。真興里から部隊はトラックや列車で海岸まで移動し、中共軍の重包囲からの脱出行は終わった。

第一海兵師団の損耗は戦死、戦傷、行方不明、凍傷患者などを含めて八千人、師団の五十パーセントであった。

長津湖畔から真興里までの第一海兵師団の戦いは、苦境の中でも仲間と装備を見捨てないという節《せつ》をシンプルに貫けば、やがて光が見えてくるという好例だ。

朝鮮戦争のもうひとつの側面であり国内戦の避けがたい悲劇でもあるが、第一海兵師団の撤退行に、つかず離れずして、多数の現地住民が追尾した様子が『朝鮮戦争Ⅱ』に縷々《るる》書かれていて胸が痛む。

8　目的の原則（the Objective）

朝鮮戦争は制限戦争で、勝者なき戦争ともいわれる。北鮮軍の南進から始まり、朝鮮半島の全域を戦場として三年余にわたって作戦・戦闘が継続し、最終的には三十八度線の南北二キロずつに非武装地帯（ＤＭＺ）を設けて休戦した。戦争の惨禍と憎悪だけを残して、開戦前の態勢に戻り、そこには勝者はいなかった。

北朝鮮の戦争目的は、半島南部の同胞を解放して、北朝鮮主導による統一国家を建設することである。このために、北鮮軍は「敵主力を京城付近で捕捉殲滅した後、速やかに釜山を解放する」ことを目標として、六月二十五日武力侵攻を開始した。

韓国も韓国主導による南北統一を最終的にめざしていたが、開戦当時の軍事的な目標は、北鮮軍の全面侵攻があった場合は、国境付近で敵の前進を遅滞して時間を稼ぎ、この間に南部地域に展開している三個師団を結集して、最も危険な敵から順次反撃して、[三十八度線を回復する]ことだった。

米国は韓国と〝米韓防衛協定〟を締結しており、北鮮軍の侵攻後、海軍・空軍による武力支援に踏み切り(六月二十七日)、やがて地上軍を投入し(二十九日)、七月八日、国連安保理の採決に基づいてマッカーサー元帥を最高司令官とする〝国連軍〟が誕生した。韓国軍は李承晩大統領の要請により国連軍最高司令官の指揮下に入り、国連軍の一部となった。

国連安保理の決議は[北鮮の攻撃を撃退して、平和と安全を回復するために、国連加盟国に〝韓国に必要とする軍事援助を与えるよう〟勧告する]という内容であった。国連軍の軍事行動の目的は朝鮮半島の〝平和と安全の回復〟であり、目標は[北朝鮮の攻撃を撃退]すなわち三十八度線の回復であった。

仁川上陸作戦、スレッジ・ハンマー作戦の順調な進捗により、半島南部の北朝鮮軍はおおむね壊滅し、一部をゲリラとして南部に残置し、わずかの部隊が三十八度線以北に戻った。国連軍は九月下旬から十月上旬頃、三十八度線に接触し、韓国軍の一部は三十八度線を超えていた。この時点で、国連軍の三十八度線からの北進が問題となった。

ソ連は、北朝鮮軍の侵攻当初から表に出ることはなかったが、北朝鮮軍に対して武器、弾薬などの補給は一貫して行なっていた。国連軍もこのことは十分承知していたが、ソ連の参戦を恐れていわゆる「聖域」として黙認していた。

九月十一日に香港の西側消息筋から「中共軍九十万人が鮮満国境に移動中」との情報資料が流れたが、重視されなかった。十月一日に周恩来首相が「帝国主義者が隣人の領土に乱入した場合には、中華人民は決して傍観することはない」と演説したが、ワシントンの米政府も東京の国連軍司令部も、単なる脅しと考えた。

国連は三十八度線の突破を巡って紛糾していたが、十月七日に三十八度線の突破をついに議決した。マッカーサーはすでに北進を決意し、侵攻計画を作成していたが、九日にワシントンから条件付きの承認を得て、十日朝第八軍に北進を命じた。

マッカーサーが三十八度線で停戦していたら、朝鮮戦争の帰趨はどうなったか？

国連軍としては「北鮮の攻撃を撃退」という目標は達成できる。韓国軍としては「三十八度線を回復する」という最低限の目標は達成するが、韓国主導の南北統一という目標には手が届かない。北朝鮮軍の軍事目標は完全に崩壊し、南進した目的は失敗に終わった。いずれにしても原状回復であり、勝者がいないことに変わりはない。ただし、中共軍の介入は避けられ、国土国民が蒙った惨禍は制限できたであろう。極論すれば制限戦争には勝者はないので、戦争を抑止することが関係者間の大きな目的になる。このためには、戦争を誘発するような政治的、軍事的な脆弱性を成立させないことが重要だ。軍事的に極端な格差、政治・外交上の不用意な言動などを避け、相手をその気にさせないことが肝要だ。

9　統一の原則（Unity of Command）

朝鮮戦争には、純粋な軍事作戦と制限戦争の枠がはまった軍事作戦がある。純粋な軍事作戦の場合、敵部隊を撃滅するという共通の目的に全部隊の努力を統合することが必要であり、一人の指揮官に必要な権限を与えることが原則である。国連軍最高司令官―第八軍司令官―米軍部隊・韓国国防軍・各国派遣軍の指揮系統が早期に確立され、マッカーサー元帥が全般を統率し、半島における地上作戦を第八軍司令官が実行し、純軍事作戦は効果的に遂行された。

問題は、制限戦争という枠の中で作戦目的、作戦地域、戦闘遂行手段などが制限される場合、指揮の一元化には一段と工夫が必要となるということだ。これら各種制約は政治・外交上の要請・思惑（政略）から生じ、敵の撃滅に邁進する純軍事作戦の目標（戦略）と一致しないことが大半である。

一九五一年四月十一日、満州爆撃を主張したマッカーサー元帥が、国連軍最高司令官を解任され、後任に第八軍司令官リッジウェイ中将が補職され、第八軍司令官にはバン・フリート中将が任命された。マッカーサー元帥を更迭したのはトルーマン大統領である。

わが憲法の根本原則の一つは、軍事に対する政治優先の原則である。マッカーサー元帥は、再三にわたって政府の政策を受諾し難い態度を示し、再三にわたる公式声明によって、連合諸国にわが政策の方向を疑わせただけではなく、実質的に自分の政策を掲げて大統領に対抗した。（略）彼の行動は、彼が忠誠を誓った政府と連合国とが決定した政策の方向を混乱させるまでになった。このような方法での文官当局に対する彼の反抗を不問に付したならば、私（トルーマン大統領）自身が、憲法を護持し憲法に基づいて行動すると約束した国民との契約を破ることになる。（略）マッカーサーは、故意にこの文官支配の原則に挑戦したとは思われないが、彼の行為の結果からこの原則が破られた。行動するのが大統領としての私の義務であった。(『マッカーサーの二千日』)

マッカーサーの軌跡をたどると、純軍事的な発想からの言動がほとんどで、ソ連・中国との戦争(第三次世界大戦)を避けたいという大統領の政策に反することが多く、大統領がシビリアン・コントロールの原則を盾にマッカーサー元帥を罷免した心境は納得できる。朝鮮戦争は、制限戦争という新たなタイプの戦争の下における、政治と軍事の関係、政府と現地司令官の在り方に大きな一石を投じた。

第八軍は三十八度線を突破し、平壌《ピョンヤン》を陥落させ、一気に中国・北朝鮮の国境に迫り、国連軍の軍事的勝利が見えたかの感があったが、人民解放軍(義勇軍と称した)の大挙参戦により、朝鮮戦争の性格が一変した。マッカーサーは、あらゆる軍事的手段を講じて中共軍を撃破しないかぎり、朝鮮戦争に勝利はないとみなし、台湾の国府軍による第二戦線の形成、中国本土への侵攻の示唆などをぶち上げた。

中東戦争に見る「戦いの原則」
――国家の生き残りをかけて――

一九四八（昭和二十三）年五月十四日、イスラエル共和国が独立を宣言した。その数時間後から第一次中東戦争が始まり、以降第二次中東戦争、第三次中東戦争、第四次中東戦争、レバノン侵攻など熾烈な戦いが続き、今日なお硝煙が絶えることはない。

古代ローマ帝国によるユダヤ国家の滅亡から千九百年後に、新生イスラエル共和国が誕生した。建国の経緯からも、周辺諸国から祝福されてというわけにはいかず、国家の存亡をかけての戦いが常態となっている。イスラエルは国民皆兵の国防体制のもと、男女を問わずすべての国民が国防の義務を負い、準戦時体制下での国民生活となっているのが現状である。

中東はヨーロッパ大陸、アジア大陸、アフリカ大陸の三大陸が接する地域で、古来、世界史の中で枢要な役割を演じてきた。今日の中東問題、イスラエル・パレスチナ問題も、数千年の歴史を背負っていることは事実であるが、本稿では、宗教、政治ならびにイデオロギーの立場を離れ、純粋に軍事理論の観点から〝戦いの原則〟を考察する。

本稿で取り上げたデータに関しては『戦後世界軍事資料1〜3』(戦略問題研究会編　原書房)、『中東戦争概史』(陸戦学会)、『戦略の本質』(野中郁次郎他五名共著　日本経済新聞社)などを主として参考にした。

1　目的の原則（the Objective）

イスラエル共和国の永遠のテーマは、パレスチナの地に一九四八年に建設した新国家が永続することだ。このためには、国家の存亡をかけた戦争に負けてはいけないということに尽きる。一度といえども戦争に負けると、国家そのものが消滅する可能性がある。戦争は政治、外交、軍事、経済、文化など国家の総力を挙げての戦いであるが、その中核をになうのがイスラエル国防軍である。

――われわれは今後永久にエルサレム旧市街を手放さないだろう。

第三次中東戦争に勝利したダヤン国防相は右のように述べている。イスラエル軍は負けることが許されない軍隊として、ドクトリン、編成、装備、訓練などすべてを勝利の一点に収斂《しゅうれん》している。イスラエルの地理的環境から、防衛戦略は内線作戦とならざるを得ず、速戦即決の短期決戦が基本的な戦略となる。

イスラエルの戦争目的は「戦争に勝利する」ことで、このことは自明の理であり疑問の余地はない。戦争に勝利するために、イスラエル軍は主要な戦争のつど具体的な目標を設定して、これを達成すべく国家の全力を挙げて追求してきた。

第一次中東戦争の目標は「新生イスラエル共和国の生き残り」であり、第二次中東戦争は「エジプトの脅威の排除」、第三次中東戦争は「シナイ半島およびゴラン高原の占領（国家生存のための安全地域の拡大）」、第四次中東戦争は「シナイ半島およびゴラン高原の確保（安全地域の維持）」であった。

2　主動の原則（Offensive）

主動は、作戦目的の達成、ひいては戦勝獲得のためきわめて重要である。イスラエルの立場からいえば、陸戦に勝利することが不可欠の要件だ。このため、イスラエル軍は内線作戦を基本として、いかなる状況においても、受動におちいることなく、攻勢により最終的な勝利を獲得しなければならない。この決め手となるのが機甲部隊による機動戦／運動戦である。

第二次中東戦争（一九五六年）は、エジプトのスエズ運河国有化宣言が引き金となり、イギリスおよびフランスと共同した対エジプト戦争で、「百時間戦争」ともいわれる。英・仏空軍がエジプト空軍を壊滅し、イスラエル機甲旅団がシナイ半島のエジプト軍を撃滅して、イスラエルが戦争の主導権を握った。

第三次中東戦争（一九六七年）は「六日戦争」といわれるように、イスラエル軍は絵にかいたような電撃戦を演じ、機甲部隊運用の教科書となった。イスラエル空軍は、先制攻撃によりエジプト空軍を地上で壊滅させてシナイ半島の制空権を確保し、戦闘爆撃機と戦車が一体となってエジプト陸軍を撃滅した。イスラエル軍は、第二次大戦劈頭のドイツ軍に範をとった電撃戦により、戦争の主導権を手にした。

だが、六年後の第四次中東戦争（一九七三年）において、イスラエル軍の中核部隊である機甲旅団が、エジプト軍歩兵部隊の対戦車火網に捕捉されて撃破されるという

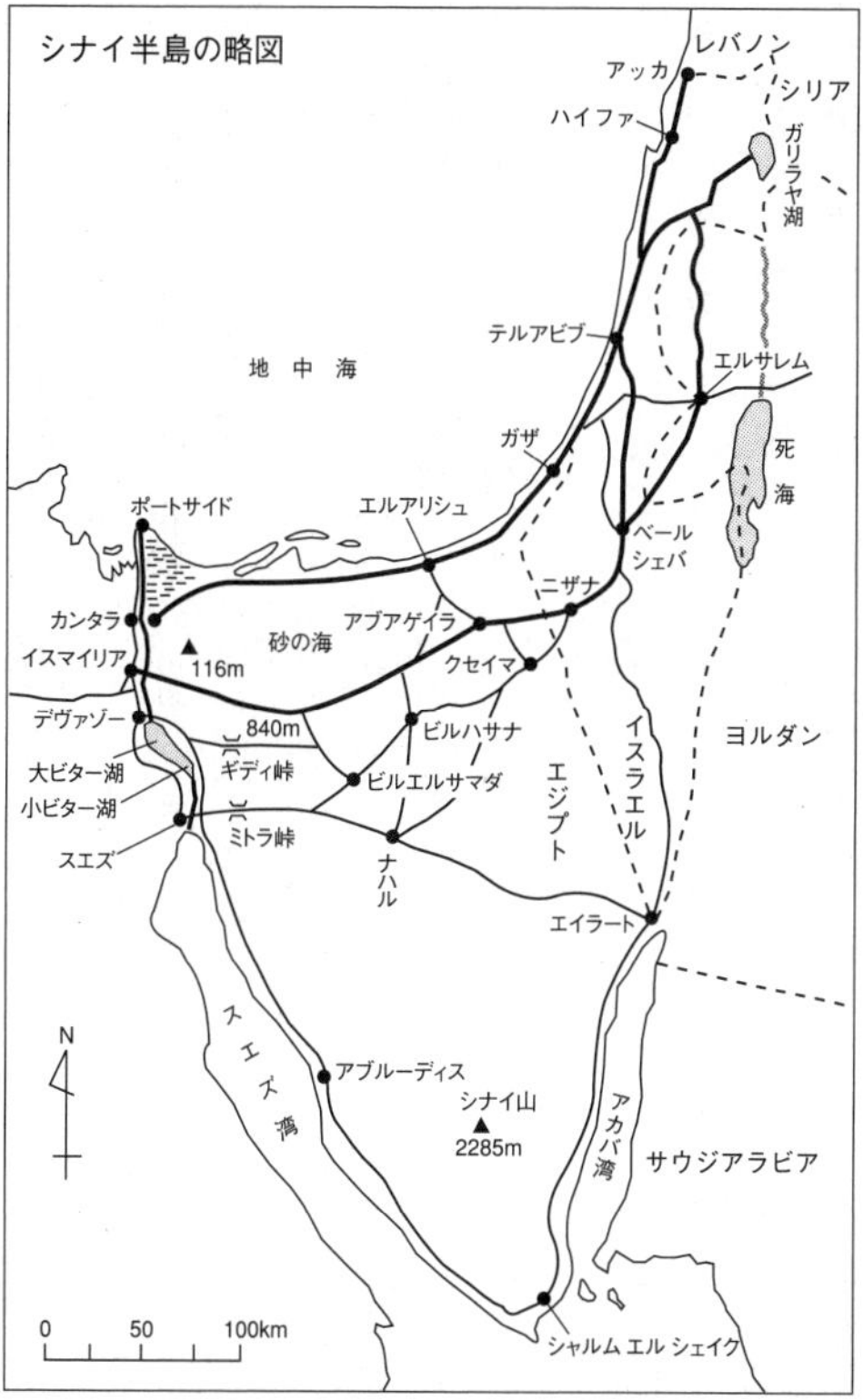

シナイ半島の略図

衝撃的な事態が発生した。一九七三年十月八日のエル・フィルダンの戦闘は、ソ連製の対戦車ミサイル（AT3サガー、RPG－7Vなど）が待ち受けるエジプト第二軍防御

陣地に、イスラエル軍第一九〇機甲旅団が単独で突入して大半が撃破された画期的な戦例である。

エジプト軍は第三次中東戦争の教訓を生かして、イスラエル軍機甲部隊が単独で攻撃してくることを予期し、これを撃破する新戦法を開発した。立体的な防空戦闘システムを構築してイスラエル空軍機の行動を封殺し、歩兵部隊が大量の対戦車ミサイルをもって火力ポケットを構成した。エル・フィルダンの戦闘がその成果だ。過去の戦争の成果を過信したイスラエル軍の油断であり、戦法の硬直化だった。このようにして、第四次中東戦争の緒戦においてエジプト軍が主導権を握った。

緒戦の戦闘に敗れたイスラエル軍は、シナイ半島正面で防勢をとり、予備役の動員による戦力の増強およびゴラン正面からの兵力転用をまって攻勢に出た。イスラエル軍は大ビター湖北部からスエズ運河西岸へ渡河してエジプト軍第三軍を完全に包囲し、形勢を逆転して主導権を奪回した。

列国陸軍はエル・フィルダンの戦闘を反面教師として、コンバインド・アームズ（諸兵種の統合運用）を陸上戦力運用の基本思想とするようになった。イスラエル軍もシナイ半島の戦闘結果をただちに教訓として取り入れ、第四次中東戦争のさなかに、機甲旅団を戦車・機械化歩兵・自走砲兵などによるコンバインド・アームズ部隊へと改編した。

他方、エル・フィルダンの戦闘を過大に評価して、戦車はもういらない、これからは対戦車ミサイルの時代である、という戦車無用論が声高にさけばれた。

筆者は『ニューズウィーク』誌一九七三年十一月五日号を読んで激しい衝撃を受けたことを思い出す。掲載されていた「中東戦争—五つの教訓」と題する論説の中で、〝戦車はすでに時代遅れの兵器である〟とセンセーショナルに書かれていた。

対戦車ヘリが登場した時も戦車無用論がさけばれたが、今日でも戦車は陸戦の王者として君臨している。イスラエル軍のように、陸戦に勝利することが不可欠な場合、火力・機動力・装甲防護力の三者を備えた戦車は最適の兵器である。しかしながら、戦車を単独で運用する時代は終わった。

勝利の決め手は、自らの強みを最大限に発揮できる戦い方（ドクトリン）を徹底的にきわめて、これを相手に強要することである。ただし、自信過剰は戦法の定型化・硬直化につながり、エル・フィルダンの戦闘の如く足元をすくわれる。

主動の原則とは、自らの強みすなわち得意技を発揮できる体勢に相手を引きずり込むことである。奇襲されて一時的に不利な態勢となっても、すばやく得意技に復帰できる柔軟性としたたかさが肝要である。

3　集中の原則（Mass）・経済の原則（Economy of Force）・機動の原則（Maneuver）

内線作戦では集中・経済・機動の三つの原則が不離一体のものとして発揮される。第三次中東戦争におけるイスラエル軍の戦いは典型的な内線作戦である。内線作戦とは、戦力を中央に保持、先ず最重要正面に全力を集中して敵を撃破する。次いで迅速な機動により第二の正面に戦闘力を集中、第二の敵を撃破する。一正面で戦闘が行なわれている間、他の正面は最小限の戦力で守り切る。

一九六七年五月、アラブ諸国は相次いで自国軍隊の一部をアラブ連合国（エジプト）軍の指揮下に入れた。五月三十日にはアラブ連合国とヨルダンが共同防衛条約を締結した。アラブ連合国とシリアは前年十一月に共同防衛条約を締結していた。かくしてイスラエル包囲網がほぼ完成した。

五月十六日、アラブ連合国（エジプト）軍は大部隊（五個歩兵師団、二個機甲師団）をシナイ半島に移動させた。ヨルダン軍は、二個師団をヨルダン川西岸に配置した。シリア軍は、その全力（六個旅団、二個機甲旅団）をゴラン高原に展開した。アラブ側の兵器はほとんどソ連製で、戦車二千三百両、作戦機六百機である。イスラエル軍は二十五個旅団、戦車一千両、作戦機二百八十機で、兵器のほとんどは米・英・仏製であった。

アラブ連合国のナセル大統領は、五月二十六日、「アラブ諸国とイスラエルとの間で戦争が起これば、それは国境部分にとどまらず全面戦争となろう。その際アラブ諸国は、イスラエルの滅亡をめざすであろう」と声明、六月一日には予備役の動員を開始、戦争へとエスカレートした。ナセル大統領は、シナイ半島（エジプト領）の部隊をもってイスラエルへの侵攻を企図していた。

イスラエルは、六月一日、第二次中東戦争の英雄モシエ・ダヤンを国防相に任命して、挙国一致内閣を組閣した。

イスラエル軍は以前から兵器の量的劣勢を補うために、質の向上を図っていた。アラブ側の主力戦車T55の主砲一〇〇ミリに対して、センチュリオン（英）、パットン（M48）、シャーマン（M４）の主砲を一〇五ミリ砲に換装し、同時に光学機器を改良して砂漠の地形に適応した遠距離射撃を可能にした。

また空軍の作戦機数の劣勢を補うために、先制奇襲攻撃によりアラブ側の作戦機を地上で撃破する計画をひそかに練っていた。

イスラエル軍の作戦構想は、先ず主力をもってシナイ半島のアラブ連合国軍を撃破し、その後主力を北転させて、ゴラン高原のシリア軍を撃破することだった。先制攻撃により戦争の主動権を握るために、徹底した企図の秘匿・欺騙につとめた。

〔集中の原則・経済の原則の発揮〕

一九六七年六月五日午前七時四十五分、イスラエル空軍は全力でアラブ側空軍基地への先制攻撃を開始した。アラブ連合国空軍が警報を発したのは攻撃を受ける数分前で、完璧な奇襲となり、アラブ連合国（エジプト）空軍は一日で七十八パーセントの作戦機が撃破された。

イスラエル空軍は、この日だけで延べ二千機出撃し、一機当たりの出撃数は六〜七回といわれる。イスラエル空軍は、アラブ連合国のみではなくアラブ側のシリア、イラク、ヨルダンへも出撃し、アラブ諸国の全空軍機数の四十パーセント強を開戦初日で撃破し、制空権を獲得した。

シナイ半島の作戦に参加したイスラエル軍は十八個旅団（三個師団）で、全二十五個旅団の七十パーセントを集中しての攻勢作戦だった。イスラエル軍は徹底した機動戦により、シナイ半島のアラブ連合国（エジプト）軍を包囲し殲滅した。ナセル大統領は、六月九日、完全に敗北を認めて国連の停戦勧告を受諾した。

〔機動の原則の発揮〕

イスラエル軍の各旅団はただちに反転してゴラン高原へ向かった。六月十日、シナイ半島から転用された決戦部隊である四個機甲旅団が、ゴラン高原の第一線に投入され、すかさず攻撃を開始した。機甲旅団はシナイ半島からゴラン高原までの四百キロを一昼夜で機動し、間を置かず直ちに戦闘加入したのである。

この迅速な機動にはきわめつきの秘密があった。イスラエル軍は戦車を輸送するために、五十トン大型トレーラーを開発して、これをフルに活用した。四百キロの距離を戦車で自走すると、移動には二日間を要し、戦車の整備、戦車乗員の疲労回復にさらに最低限二日ぐらい必要となる。

戦車が砂漠を自走すると、砂塵のためにシリンダーの摩耗が激しく、エンジンの出力が著しく低下するという問題がある。トレーラー輸送によりこれらの問題が解決できる。この間、戦車乗員は冷房付きのバスで移動し、睡眠をとり疲労を回復して、ゴラン高原への転用後のすみやかな戦闘加入が可能となった。

イスラエル軍は、ゴラン高原の戦闘において、ヘリボーン攻撃と地上部隊が連携しながら、迂回・包囲による突進を続け、十日にはサマダ、クネイトラ、ラファドを奪

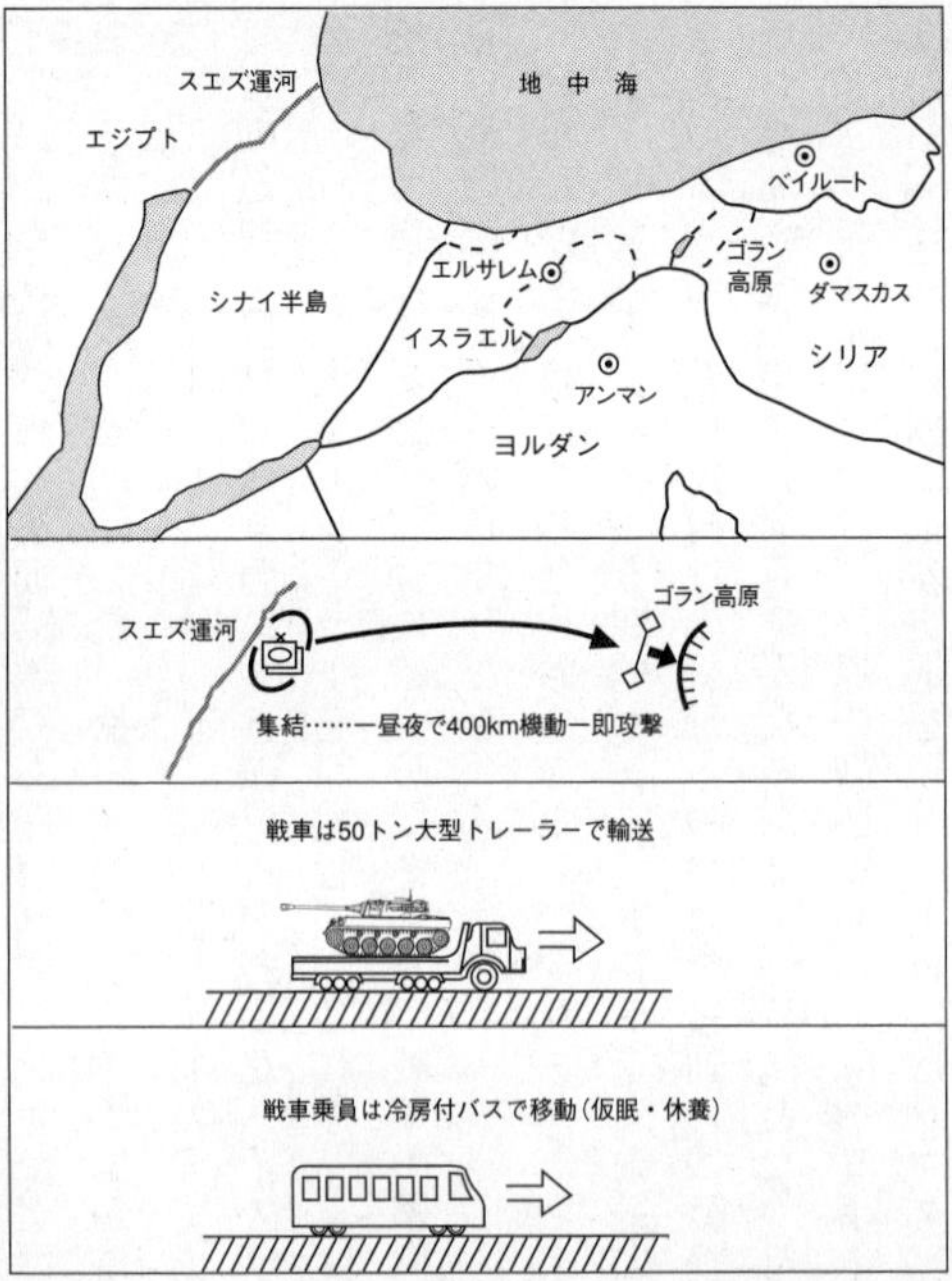

取してダマスカスへ突進する勢いを見せた。翌十一日、シリアも国連の停戦勧告を受諾した。この間、ヨルダン川西岸地区では、ヨルダン軍の攻撃に対してイスラエル軍二個師団弱（六個旅団）が反撃し、ヨルダン軍を撃破した。

イスラエルは第三次中東戦争の結果、自国領土の三倍余の面積を占領した。以前は国土が狭く戦略的縦深性を欠き、内戦作戦を攻勢的に実施せざるを得なかったが、シナイ半島、ガザ地区、ヨルダン川西岸およびゴラン高原を占領することにより、防衛上の安全性（戦略的縦深性）が確保でき、内線作戦を攻勢、防勢のいずれでも行なえるように選択の幅が広がった。第三次中東戦争以前は常時臨戦態勢が必要であったが、戦争の警告・予備役動員のための余裕がもてるようになった。

4　統一の原則（Unity of Command）

戦争に勝つためには、国家機能のすべての努力を統合して、共通の目的に指向することが必要だ。戦争は国家の総力を挙げて行なう戦いであり、軍事はその一部である。イスラエルにおいては、戦時の国家機能に占める軍事の役割が大きく、陸上戦闘に勝利することが戦争に勝つための必須要件である。このために、イスラエルは平時から政府、国防軍、国民が一体となって戦う体制が出来上がっている。

エジプトの立場は複雑で、ナセル大統領はアラブの盟主として、〝イスラエルの撲滅〟というアラブの大義を遂行することを期待された。第三次中東戦争後、エジプトはソ連の大規模な支援を仰ぎ、さながらソ連の中東前進基地の様相を呈するようになった。また戦時体制が長期間続き、エジプトの国家財政は破綻寸前となっていた。このようなときにサダト大統領が登場した（一九七〇年）。

サダトは、国家を財政的破綻から救うため、最終的なゴールとしてイスラエルとの和平をめざした。しかし、和平を達成するためには、中東情勢を流動化させ、アメリカを引き込む必要があり、そのためにはイスラエルに軍事的に挑んでみなければならなかった。サダトは、和平を達成するために、戦争を始めたのである。また、限定戦争戦略の構想も、かれの創造力をよく表している。抵抗者を、強権をもって排除すると同時に、目的と方針を示した後は、軍人たちに具体的な問題解決を一任した。(『戦略の本質』第8章)

サダトの最終的なゴール(イスラエルとの和平)を達成するための軍事的な手段が、第四次中東戦争の緒戦すなわちスエズ運河渡河《とか》作戦であった。

エジプト軍は、サダト大統領の意図を理解し、これを具体化した作戦計画を立案し、実行に移した。この戦争は、イスラエルの撲滅という全面戦争ではなく、目的を限定した制限戦争であった。スエズ運河渡河作戦は、大統領から末端の一兵士に至るまで、統一した思想のもとに行なわれた。

エジプト軍の作戦計画は、スエズ運河の渡河および橋頭堡の確保(第一期作戦)、ギディ峠・ミトラ峠など(運河から五十~八十キロ)の占領によるシナイ半島西部要域の確保（第二期）および事後の防勢作戦（第三期）からなっていた。シナイ半島全域の占領は想定していなかった。作戦の成功により、エジプトの自信と尊厳が回復され、政治目的達成の重大な第一歩となるという考え方であった。軍事の役割を緒戦の勝利に限定するという、まさに発想の劇的な転換だった。

イスラエル軍は、第三次中東戦争後スエズ運河沿いに、約百キロの間に、歩兵一個小隊から半個中隊、戦車一個小隊（戦車四両）収容可能な拠点を三十個設けた（バーレブ・ライン）。アラブ側の攻撃に際しては、これらの拠点を利用して敵を阻止、遅滞させ、この間に、予備役を動員して機甲部隊を所望の地区に集結させ、迅速に機動反撃する計画であった。この戦闘方式は、機動防御であり。空軍機との緊密な協同が前提となっていた。

スエズ運河の東岸には、フランス人レセップスによる運河建設時——一八六九年開通——掘開土を土盛りした（高さ十〜二十メートル、頂上十メートル）堤防があり、重大な対機甲障害となっていた。イスラエル軍は、エジプト軍のスエズ運河渡河および堤防の啓開に十二〜二十四時間かかると見積もっていた。

エジプト軍渡河作戦成功のポイントは、①迅速な渡河および堤防の啓開、②イスラエル空軍機の航空攻撃の阻止、③イスラエル軍機甲部隊の撃破の三点だった。エジプト軍はこの三点を完璧に達成して、まさに奇襲により緒戦の勝利をものにした。

一九七三年十月六日午後二時五分、エジプト空軍機二百機がシナイ半島内部のイスラエル空軍基地やホーク基地などの爆撃を開始、五分後から砲兵全力（千五百門）による射撃を一時間実施した。二時十五分頃から渡河を開始し、九時間で堤防の切通しを六十ヵ所も開け、攻撃開始後六時間で、エジプト軍八万が東岸へ渡った。

二日後の十月八日、エル・フィルダンの戦闘でイスラエル機甲部隊の反撃を完全に撃破し、第一期作戦を勝利で飾った。

結果論からいえば、エジプト軍の第二期作戦は挫折し、最終的にはイスラエル軍のスエズ運河以西への進出を許し、軍事作戦そのものは失敗した。しかしながら、この緒戦の成功が政治的には大きな意味を持ち、戦後のエジプト・イスラエル平和条約の調印（一九七九年三月二十六日）、シナイ半島全域の返還（一九八二年四月二十五日）へとつながった。

エジプトにとっての第四次中東戦争は、最終的な和平をめざしての、限定戦争であったが、政治、軍事、スエズ運河渡河作戦が一貫した思想で戦われ、第一期作戦に勝利したことにより、究極の政治目的を達成したのである。

5　奇襲の原則（Surprise）

奇襲とは、敵の予期しない時期、場所、方法などで、敵に対応のいとまを与えないように打撃することである。第三次中東戦争において、イスラエル空軍は開戦初日に先制奇襲攻撃によりエジプト空軍を壊滅させ、エジプト軍に対応のいとまを与えなかった。

第四次中東戦争におけるエジプト軍渡河作戦成功のポイントは、迅速な渡河および堤防の切通しの啓開、イスラエル空軍機の航空攻撃の阻止、反撃が予想されるイスラエル軍機甲部隊の撃破の三点である。

イスラエル軍が見積もった堤防啓開に必要な時間は、大型ドーザを使用することを前提としていた。しかしながら、エジプト軍は処理時間を短縮するために、発想を転換してドーザではなく放水による土砂処理を採用した。

この処理方法は一工兵少尉の提案であったといわれる。この方法では五時間で通路が啓開された。エジプト軍はドイツ製の高圧放水ポンプを百基購入して、堤防の啓開を含む渡河作業演習を三百回実施したという。発想の転換による新技術の導入で、時間を大幅に縮小するという時間的な奇襲であった。

エジプト軍は、渡河作戦および渡河後の橋頭堡の確保を支援するため、イスラエル空軍機の攻撃に対する立体的な防空戦闘システムを、スエズ運河沿いに構成した。この防空システムはソ連地上軍の防空システムをそっくり導入したもので、モスクワ周辺陣地の防空網に匹敵する対空火力の密度であった。

この防空システムは在来型の地対空ミサイルSA-2、SA-3、SA-7、新型の地対空ミサイルSA-6および自走高射機関砲ZSU-23などから構成されていた。開戦当日のイスラエル空軍機は、自信過剰で、電子妨害手段や有効な戦法を開発しておらず、エジプト軍の立体的な防空システムに奇襲された。

エジプト軍の対戦車防御は、従来の戦車には戦車という発想から脱却し、歩兵部隊に大量の対戦車火器、対戦車ミサイルをもたせて、これらで濃密な対戦車火網を構成するという考え方であった。

陣前三千メートルに戦車撃破地帯（火力ポケット）を設定し、すべての火器の着弾先を火力ポケットに集中できるように、対戦車擲弾《てきだん》発射機（RPG-7）、七三ミリ無反動砲（SPG-9）、一〇〇ミリ対戦車砲（T12）、携帯式対戦車誘導ミサイル（AT-3サガー）、などを配置した。歩兵部隊が装備した対戦車火器は、一キロ正面当た

エジプト軍歩兵部隊の対戦車火網

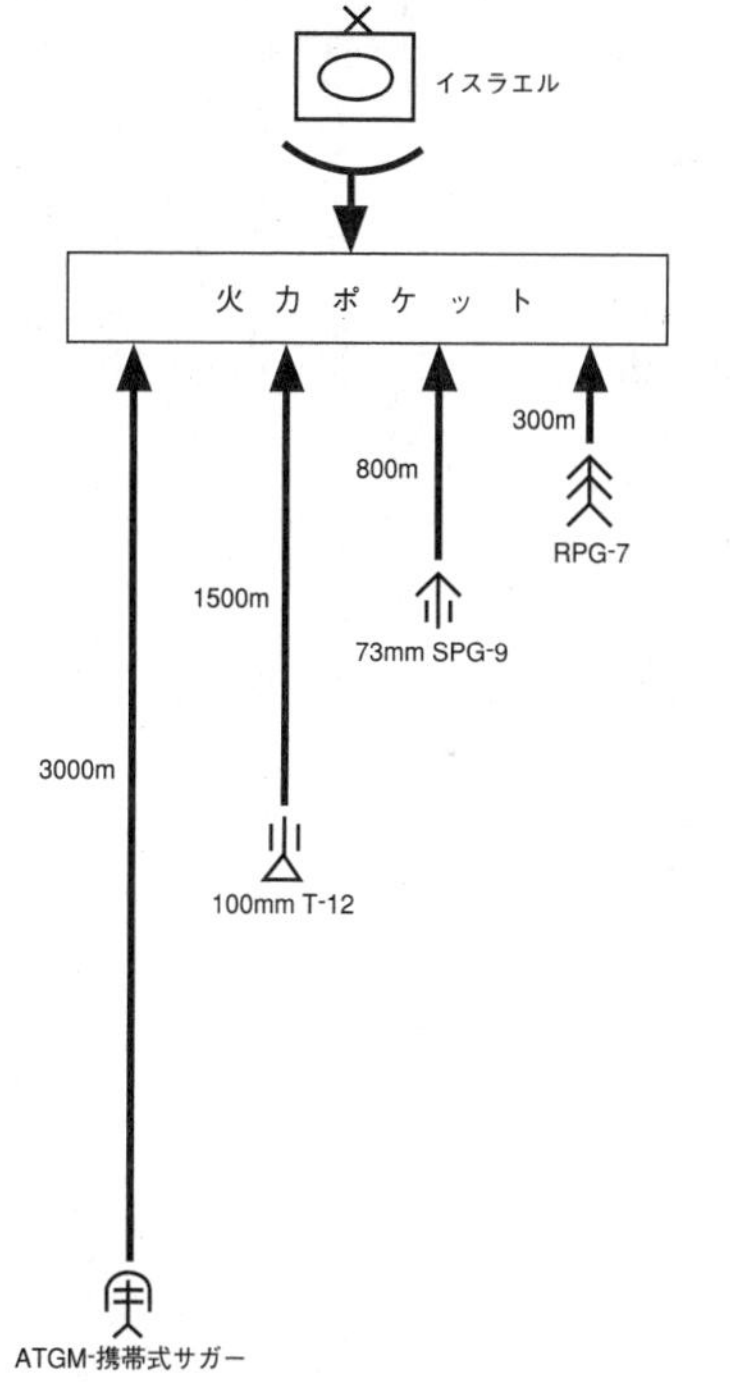

エジプト軍歩兵部隊は携帯式サガー、T-12、SPG-9、RPG-7などを1キロ正面当たり55基配備して、イスラエル戦車部隊の攻撃を待ち受けた。ソ連地上軍歩兵部隊の配備数は、1キロ当たり25〜35基であり、エジプト軍の濃密な配備がうかがえる。

り五十五基に達していた。

このような対戦車網に、イスラエル機甲旅団が単独で猪突猛進し、至短時間で壊滅させられた。十月八日のエル・フィルダンの戦闘で、イスラエル軍第一九〇機甲旅団は、三分間で、百十両のうち八十五両が撃破された。イスラエル機甲部隊は、想像もしなかったような濃密な対戦車火網に奇襲された。

第四次中東戦争の場合、エジプト軍の第一期作戦は奇襲が功を奏して完璧な勝利だったが、第二期作戦で機甲師団が橋頭保から攻勢に出た際、防空の傘から出たとたんにイスラエル空軍機の攻撃を受け、地上戦ではエル・フィルダンとは逆にイスラエル軍の対戦車火網により多数の戦車が撃破された。

エジプト軍の防空網も対戦車火網も、地域を限定した防御には効果的であったが、広大なシナイ砂漠での機動戦・運動戦には適用できなかった。防御で勝ち機動戦で勝つためには、よりスケールの大きな戦い方（戦法）が必要である。

6 簡明の原則（Simplicity）

簡明の原則とは、〝戦場は錯誤の連続が常態であり、錯誤の少ないほうが勝ちを制する〟という古来言いならわされた戦いの本性への深い洞察から発したものである。戦域が多国間へと拡大し、国家の機能が細分化し、激烈度および複雑の度を急速に加えつつある現代戦の性向にかんがみ、すべてをシンプルにすべしとの意である。

イスラエルの国防に対する基本的な考え方は、イスラエル国民の一人ひとりが国の防衛に責任を持つことである。イスラエル国民は、男女を問わず一定期間兵役に就き、その後は予備役となる。第四次中東戦争開戦時は、イスラエルは総人口三百十八万人で三十万人の国防軍を維持した。すなわち国民の十パーセント、十人に一人が現役で兵役に服した。

イスラエル軍は兵士の損耗に対して極端なほどに神経質であり、これは右の数字からも当然であろう。兵士一人の損耗は、わが国の四十人に匹敵するからである。イスラエルの防衛体制は、〝兵士（国民）一人ひとりを大切にする〟という極めてシンプルな基盤の上に成り立っている。

この思想は装備（兵器）にも明瞭にあらわれている。現在のイスラエル国防軍の主力戦車は「メルカバ」（Ｍｋ４）である。一二〇ミリ砲を搭載し、実戦経験に富む最強戦車の一つである。

メルカバの特性は、戦車乗員の保護という思想によって作られている。通常の戦車であれば、車体の後方にエンジンを搭載するが、メルカバは車体の前部にエンジンを搭載している。戦車が敵弾を受けた場合、エンジン部が破壊されても、乗員に被害が及ぶのを最小限にするためである。エンジンの熱により射撃統制システムに影響が出るが、戦車乗員の保護を優先してこのような形態となった。

イスラエル軍は第三次中東戦争で、シナイ半島からゴラン高原へ転用する戦車を輸送するために五十トン大型トレーラーをフルに活用した。同時に戦車乗員は冷房付きのバスで移動し、移動間のわずかな時間ではあるが、疲労を回復することができた。戦車乗員を二重にも三重にも使用しなければならないイスラエル軍ではあるが、兵士一人ひとりを大切にするという現実から生まれた発想である。

適材適所という言葉があるが、イスラエル軍の指揮官養成システムは異色である。世界各国の軍隊は将校・士官養成のために士官学校（わが国の防衛大学校）を持っているが、イスラエルには士官学校およびこれに相当する学校はない。徴兵された兵士の中から下士官を選抜し、下士官の中から初級将校を選抜し、その中から中級・上級将校を選抜していくやり方である。

最終的には彼らの中から将官や軍のトップが選ばれる。イスラエル軍は、このような人材選抜システムが最適であり、真に適材を適所に配置するベストのやり方であると考えている。試行錯誤をくり返しながら、時間をかけて人材を育成する余裕がないのだ。ダヤン国防相やシャロン師団長なども、このようなシンプルな人材育成システムから生まれた。

現代戦の特色は激烈な火力戦である。近代兵器の高破壊力が戦死者を増加させると同時に、兵士の精神に混乱をもたらす。恐怖やショックのために一時戦闘能力を失った兵士（戦闘ストレス患者）は、全体の戦闘力の維持や発揮に大きな影響を与える。第四次中東戦争でこの例が多く見られた。

イスラエル軍は第四次中東戦争以降、「戦闘ストレス患者」の問題に取り組み、戦闘心理官制度を創設し、師団に戦闘心理官チームを設けた。戦闘心理官チームによる現場治療のプロセスを開発し、レバノン侵攻時（一九八二年）にその有効性が証明されている。この治療により、戦闘ストレス患者の八十パーセントが原隊に復帰できたといわれる。戦闘ストレス患者の現場治療への取り組みも、〝兵士一人ひとりを大切にする〟イスラエル軍の本質から出てきた。

7　警戒の原則（Security）

イスラエルとアラブ側の数次にわたる本格的な戦争を観察すると、両者ともに、いかに奇襲するか、いかにして奇襲を防ぐか、の駆け引きの歴史である。

第二、第三次中東戦争はイスラエルの先制奇襲攻撃が即戦勝へとつながった。第四次中東戦争はアラブ側（エジプト・シリア）が先制奇襲攻撃に成功し、やや長期間

（十八日間）の戦争になったが、最終的にはイスラエルが形勢を逆転して勝利を獲得した。

イスラエル・アラブ両者ともに、国家の情報機関のすべてを挙げて、奇襲防止に腐心したことは疑いない。奇襲を防止できなかったということは、奇襲する側の機密保全が徹底していたということにつきる。太平洋戦争で、日本の外交暗号や海軍の作戦暗号が米側に解読され、作戦に重大な影響を及ぼしたが、現代戦では、警戒というより保全という側面が強くなっていることは間違いない。

警戒の原則は英語でSecurityと表記されるが、機密の漏洩防止によりわが手の内を読まれないこと、危機管理を徹底して奇襲を受けた場合でも速やかに回復できること、このようなことがより本質となっている。

〈補遺〉

イスラエルをめぐる中東情勢は大きく様変わりした。

第四次中東戦争までは、東西冷戦という枠組みの中での武力戦という性格が強かった。第四次中東戦争のシナイ正面およびゴラン正面で、戦車や作戦機などが大量に損耗しているが、エジプト・シリアの兵器はソ連製、イスラエルの兵は米国（英・仏を含む）製という構造がはっきりしていた。

アラブとイスラエルの双方に兵器の供給源がある限り、戦闘（戦争）は無限にエスカレートする可能性があったが、東西冷戦の終焉《しゅうえん》により、この構造が抜本的に変わった。現在、イスラエルはエジプトおよびヨルダンと平和条約を結び、戦争状態に終止符を打っている。本格的な戦争の脅威はかなり低下した。

二〇〇六年の統計によると、イスラエルの人口は七百五万人である。イスラエル国防軍は正規軍十七万七千人、予備役四十万八千人、戦車三千五百両、装甲戦闘車六千七百両、戦闘機四百機、攻撃ヘリコプター八十機を保有している。

冷戦終焉後の世界各地域で、低強度紛争（LIC：Low-Intensity Conflict）が頻発している。紛争の原因は宗教、民族、文化問題など様々であり、紛争の手段もゲリラ、暴動、テロなどと多様化している。〝イスラエルの撲滅〞を掲げたアラブの大義も、本格的な武力戦からＬＩＣへと比重を移していることは間違いない。

戦いの原則は過去二千六百年の戦争や闘争のなかから導き出されたが、ＬＩＣという新しい形態の戦争（武力闘争）にも適用できる。

イスラエルがテロやゲリラに対して戦車や戦闘機を使用するのは、〝集中の原則〞による圧倒的な戦力による制圧であるし、国民が被害を受けた場合数十倍にして報復するのは、〝簡明の原則〟の国民一人ひとりを大切にするという原則の実行だ。

国家の生存という永遠のテーマは不変であり、戦争に勝利するという目的も変わらないが、現今の目標は、陸戦に勝利することから国家・国民の安全を守ることに大きくシフトしている。これは〝目的の原則〟そのものだ。国家の生存または国民の安全に重大な脅威があれば、先制攻撃も辞さないというのは〝主動の原則〟である。

二〇一一年初頭にチュニジアでジャスミン革命が起き、北アフリカや中東のイスラム諸国に大津波が押し寄せた。隣国のリビアでは、カダフィー大統領の退陣をめぐって、NATO軍が関与するという内戦状態に陥った。

エジプトではムバラク大統領の独裁政権が倒れ、イスラエルをめぐる戦略関係が大きく変わろうとしている。イスラエルにとり国家の存続は譲れない究極の目的であることに変わりはない。情勢の変化――例えばエジプトにイスラム原理主義政権が登場すれば、エジプト・イスラエル間で、再び、国家の存亡をかけた戦いがあるかもしれない。

フォークランド紛争に見る「戦いの原則」
――シビリアン・コントロールの精華――

一九八二（昭和五十七）年四月二日、アルゼンチン軍が英領フォークランド諸島に上陸して同島を占領し、翌三日サウスジョージア島を占領した。三日後の四月五日、英機動部隊の第一陣が英本土から出航した。英政府は外交活動と併行しながら、フォークランド諸島を奪回するための軍事的措置を講じた。

英政府は問題の平和的解決を希求したがアルゼンチンが応じないため、四月二十五日、機動部隊によりサウスジョージア島を奪回した。この日以降、英・アルゼンチン両軍による海戦・海空戦が起き、双方の艦船・航空機に被害が出るようになった。

英政府は、フォークランド諸島に上陸して、同島を占領しているアルゼンチン軍を撃滅する以外に問題は解決しないと判断して、五月二十一日第三海兵旅団を東フォークランド島サンカルロスに上陸させた。

六月八日第二陣の第五歩兵旅団がフィッツロイに上陸し、最終的には一万人の地上部隊が合一して、東フォーランド島の中心地（首都）ポートスタンリーの攻略をめざした。六月十一日から首都攻略の決戦を二段階で行ない、六月十四日アルゼンチン軍主力部隊が降伏して、フォークランド紛争に決着がついた。

フォークランド諸島は、一八三三年に英国の直轄植民地となったが、アルゼンチンも一八二〇年以降領有権を主張していた。フォークランド諸島をめぐる武力衝突を、英国は紛争（Conflict）、アルゼンチンは戦争（War）と称している。

フォークランド紛争は、領土問題に関する英国の危機管理といった色彩が強く、最終的には武力衝突となったが、紛争の終始を通じて〝戦いの原則〟が遺憾なく発揮された。戦いの原則は、政治と軍事が一体となった国家の危機管理にも適用できる。

本稿で取り上げたデータに関しては『The Falklands Campaign: The Lessons』（英国防省報告書）、『フォークランド会戦の教訓』（「平和と安全」シリーズ・27 平和・安全保障研究所）を参考にした。

1　目的の原則（the Objective）

英国の紛争処理の目的は、アルゼンチン軍に占領された英領フォークランド諸島を取り戻すこと、すなわち〝領土の奪回〟である。領土奪回のための具体的目標は二案あり、第一に「外交交渉による問題解決」、第二が「軍事力の使用による問題解決」であった。

アルゼンチンの戦争目的は、領有権を主張し続けていたマルビナス諸島（アルゼンチン側の名称）を軍事的に占領して、英国に〝フォークランド諸島奪回の意志を放棄させる〟ことである。このための具体的目標が「マルビナス諸島の防衛」である。

外交交渉には相手があり、相手が同じ舞台に上がらなければ、交渉は成立しない。英国はアルゼンチンに外交交渉を促す手段として、機動艦隊を派遣した。軍事力も見せかけだけのデモンストレーションであれば、相手に見透《す》かされてしまう。百パーセント戦える姿勢を見せてはじめて、外交交渉をうながすパワーとなる。

アルゼンチンの軍事政権は、国民の不満をそらす政治手法として、フォークランド諸島を武力占領して、国民の目を大西洋上の島に向けさせた、と思われるふしがある。

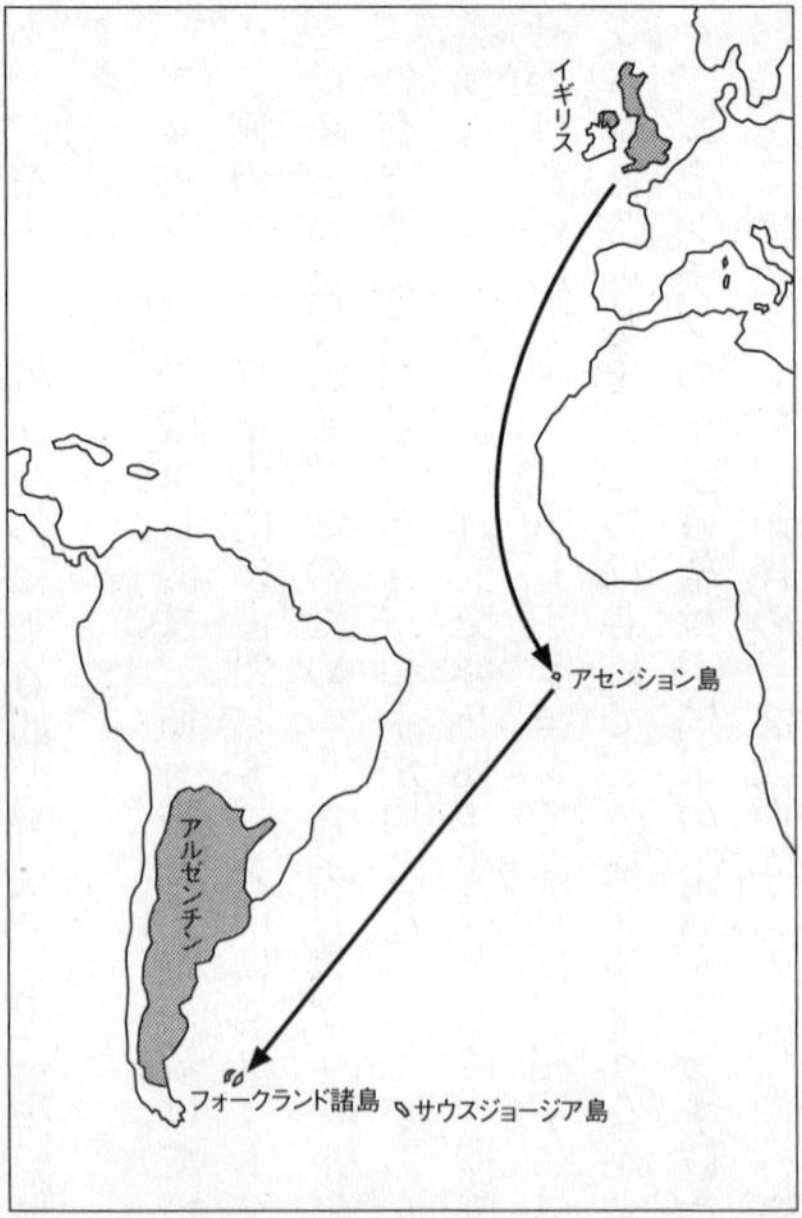

したがって、英国と本気で国を挙げて戦争するつもりはなく、また準備もなかった。アルゼンチンは、英国の艦隊派遣を軽く考えたようで、外交交渉には一切応じなかった。

英国は一直線に戦争に進んだわけではない。危機管理の階段を一段ずつ登り、最終的に軍事力の行使に踏み切った。英国は二百五十五人の兵士、七隻の艦船、多数の航空機を失いながら、フォークランド諸島のアルゼンチン軍を降伏させて、領土を奪回した。

アルゼンチン軍の防衛作戦は、陸・海・空軍がバラバラに戦い、各個に撃破され、あるいは無力化されて、最終的にはフォークランド守備部隊への補給が途絶し、弾薬が尽きて降伏した。作戦終了時に、英軍は一万一千四百人のアルゼンチン兵を捕虜にした、と国防省報告書に記録している。アルゼンチンが国運を賭してフォークランド諸島を防衛する意志をもっていたとは思えない数字である。

英国は目的の原則に忠実であり、アルゼンチンは目的を断乎として追求する意志を欠いて、紛争（戦争）に敗れた。目的は願望ではなく、あくまで実現可能なものでなければならない。また、ひとたび目的を確立したならば、あらゆる手段を講じて（具体的な目標を設定して）これを達成しなければならない。

2　主動の原則（Offensive）

主動とは、旺盛な企図心をもって、自主積極的に行動し、わが意志を相手に強要して受動の立場にみちびき、全体を支配しようとするものである。いかなる事態が発生しても、自分の決めたやり方を徹底してつらぬく、これが主動の原則である。

英国はかつて大英帝国として七つの海を支配したが、フォークランド紛争当時のサッチャー政権にも伝統的なしたたかさが見られた。アルゼンチン軍がフォークランド諸島へ侵攻するや、英政府は、ただちに首相を議長とする少数大臣による戦時内閣（関係閣僚会議）を立ち上げ、外交的措置、軍事的措置と矢継ぎ早に手を打った。

サッチャー政権の紛争処理のやり方は、エスカレーション・ラダーを一歩一歩上るという、まさに危機管理のお手本である。

このようなことはその場しのぎの思い付きでは実行不可能で、平素から「このようなときはこうする」という明確な基準があり、機を失せずこれを発動したのである。外交交渉から始まり、アルゼンチンへの包囲環を段階的にせばめ、最終的には軍事力を決然と行使して、領土回復という最終目的を達成した。

四月二日、アルゼンチン軍が英領フォークランド諸島に上陸して同島を占領した。

四月三日、英国は国連安保理の決議受け入れを表明し、外交的に問題解決をめざす意志を明確にした。

四月五日、機動部隊第一陣を出航させ、軍事的手段もとり得ることを明らかにした。

四月十二日、二百マイル航行阻止水域を発効させた。

四月二十三日、機動部隊への脅威には適切な措置をとるとアルゼンチンに警告した。

四月二十五日、サウスジョージア島奪回。アルゼンチン潜水艦を攻撃して座礁させた。

四月三十日、全面封鎖区域を発効させた。

五月二日、アルゼンチン巡洋艦「ヘネラル・ベルグラノ」を撃沈した。

五月七日、アルゼンチン沿岸十二マイル外の艦艇・航空機はすべて敵との警告を発した。

五月二十一日、第三海兵旅団が東フォークランド島サンカルロスに上陸し橋頭堡を確保した。

五月二十八日、東フォークランド島ダーウィン、グース・グリーンを奪回した。

五月三十日、ポートスタンリー西方二十キロのケント山、チャレンジャー山に進出した。

六月八日、第五歩兵旅団が東フォークランド島フィッツロイに上陸した。

六月十一～十二日、ポートスタンリー奪回の決戦（第一段階）を行なった。

六月十三～十四日、ポートスタンリー奪回の決戦（第二段階）を行なった。

六月十四日、アルゼンチン軍が降伏した。


英政府の最終目標はアルゼンチン軍を撤退させることであり、サウスジョージア島奪回時およびサンカルロス上陸時にも、アルゼンチン軍の自主的撤退の余地を残した。東フォークランド島へ上陸した後の地上戦も、一気に決戦をおこなわず、包囲環を逐次にせばめるやり方を採用している。サッチャー政権は、自ら決めたやり方を一段階ずつアルゼンチンに強要し、最終的にはポートスタンリー決戦により、アルゼンチン軍を撃破して、島から追い落とした。

機動部隊の海上諸作戦は、敵部隊の封じ込め、縦深防御および主導権の保持という海上作戦に関して確立した三原則に基づいて実施された。(『国防省報告書』)

フォークランド諸島は南緯五十度付近に位置し、北半球のサハリン(樺太)中部に相当する。気象はわが国の北海道北部に類似し、六月(北半球の十二月)中旬以降は厳冬期で、陸上作戦は困難となる。英軍は作戦終了時期を当初から六月中旬と決めていたにちがいない。六月初旬ごろから降雪、濃霧、最低気温摂氏マイナス十度前後となり、悪天候下での地上作戦となった。

3　集中の原則(Mass)・経済の原則(Economy of Force)

英国の軍事行動の中核は機動部隊で、作戦は必然的に陸・海・空の統合作戦となる。

サンカルロスへの着上陸作戦および東フォークランド島における地上作戦のいずれも、英軍は陸・海・空戦力を統合して戦った。

一方のアルゼンチン軍は、陸軍（海兵隊を含む）は単独で東フォークランド島を防衛、海軍は沈黙、空軍は水上艦艇への航空攻撃というのが実情であった。アルゼンチン水上艦艇は、五月二日に英原子力潜水艦により巡洋艦「ヘネラル・ベルグラノ」が撃沈され、以降は十二マイル内に沈黙して、フォークランド島の防衛作戦に何らの寄与もできなかった。

フォークランド諸島は、アルゼンチン本土から空・海軍機（ミラージュ、スカイホーク、シュペール・エタンダール）の最大作戦行動半径内にあった。アルゼンチン空軍はこの利点を活用すべく、英軍のサンカルロス上陸時に集中攻撃をかけ、英艦艇に六隻の損失を与えた。しかしながら、みずからも推定合計百十七機が撃破され、ポートスタンリー決戦時には戦闘力を失っていた。

六月十一日からのポートスタンリー決戦は、英軍は陸・海・空戦力（艦砲射撃、シーハリアーによる近接航空支援、一〇五ミリ榴弾砲、八一ミリ迫撃砲、偵察戦車スコーピオン・シミター、ヘリコプターなど）を集中発揮して圧勝した。英軍はこれらすべての兵器（装備）を、英本土から艦船で輸送した。一方のアルゼンチン軍は、ポー

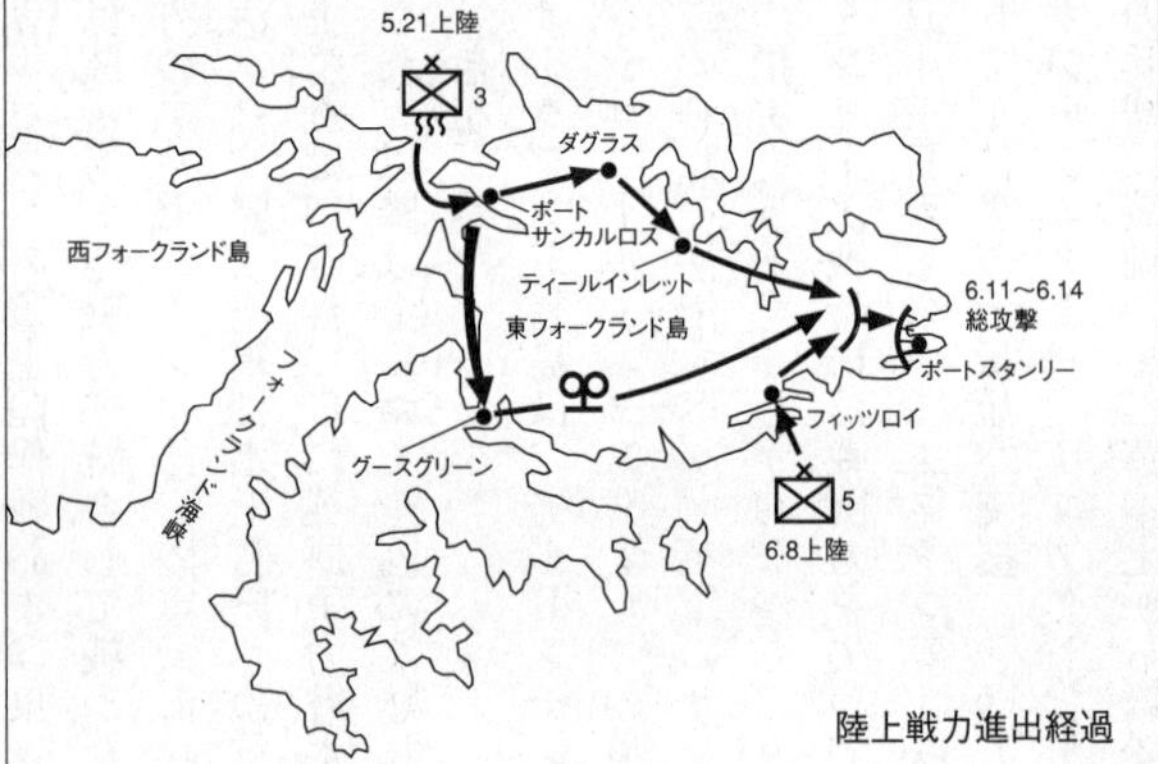

陸上戦力進出経過

トスタンリーの守備軍に対する本土からの補給線を、英軍によって断たれた。

アルゼンチン軍は、東フォークランド島防衛のために、島内の数ヵ所に部隊を分散配置し、結果的には各個に撃破された。アルゼンチン軍主力部隊は東岸のスタンリーに配置されたが、分散配置された複数の部隊との相互支援は不可能であった。

（航空写真から判断すると）ポートスタンリーを守るためには、ポートスタンリー西方高地に堅固な野戦陣地を築くことが必要である。この陣地を確保するためには、防空の傘が絶対に必要である。このためには、ポートスタンリーに戦闘機部隊を駐留させ、同時にアルゼンチン本土との間の後方連絡線を確保しなければならない。

このような観点から、アルゼンチン水上艦艇の行動が封殺され、作戦機が戦闘力を失った時点、すなわち制海権、制空権を失ったときに、ポートスタンリーの運命は定まったといえよう。英軍は、アルゼンチン軍がポートスタンリーを占領した直後、ポートスタンリー飛行場の滑走路を複数のバルカン機で爆撃した。

英機動部隊は一団となって行動し、先ずアルゼンチン水上艦艇の動きを封じ、次いで空・海軍機の戦闘力を削ぎ、決勝点であるポートスタンリーの攻撃において、孤立し丸裸になったアルゼンチン軍陸上部隊に陸海空の全戦力を集中した。上陸した英部隊は、分散配置されたアルゼンチン軍を各個に撃破しながら、すべての部隊を結集して、ポートスタンリー攻略に当たった。

4　統一の原則（Unity of Command）

英国は、アルゼンチンとの領土紛争に勝つためには、政府・軍の努力を統合して、共通の目的に指向しなければならない。現実に必要なことは、国家の全関係機関が有機的に結合された協同動作を行なうことであり、このためには緊密な調整が大きな意義を持ち、関係機関および関係者の積極的な協力精神がその根底をなす。最高指揮官たる首相に必要な権限を与える場合、統一はもっとも容易となる。

英国はこの危機に際して、サッチャー首相を議長とする戦時内閣をただちに立ち上げた。少人数の関係閣僚会議が連日開かれ、戦時内閣には検事総長や参謀長も参加した。関係閣僚会議において、最高レベルの意志決定を行ない、外交、経済および軍事の各分野間の調整を行ない、軍事作戦のガイドラインを決定して機動部隊司令官に指示した。

機動部隊司令官は、政府の方針が明確に示されるので、これに従って迷うことなく作戦に邁進できた。政府、軍、民間が一体となって作成した「非常時対処計画(Contingency Plan)」が平時から存在し、海軍大学で定期的に図上演習を行なっていたことも功を奏した。

政府が「非常時対処計画○号発動」と命令すれば、機動部隊を即時編成して行動できるようになっていた。調整には、計画を促進する積極的な面と、計画と現実のギャップを埋める面の両面があるが、関係省庁間、国防省と艦隊司令部、機動部隊内の調整は、いずれも良好に機能した。

サッチャー首相は〝鉄の女〟とも称されたが、軍事力を行使してでもフォークランド諸島を奪回する、という明確な意志を堅持し、一切妥協することなく戦時内閣をリードした。最高指揮官の鉄の意志こそが、フォークランド紛争に勝利した原動力であった。フォークランド紛争は、政府から一般国民、軍、末端の一兵士にいたるまで、〝領土を奪回する〟という一貫した考え方と意志につらぬかれていた。

フォークランド会戦の成功は、英国軍人の抜群の資質と責任感を証明した。この会戦はまた、機動部隊に対し、全員が不断の惜しみない支援を与えた商船隊海軍（マーチャント・ネイビー）ならびに艦隊補助部隊・各造船所その他の文官職員および英国産業の決定的な役割をも示した。（『国防省報告書』）

5　機動の原則（Maneuver）

機動とは、作戦または戦闘において、敵に対して有利な地位を占めるために、部隊が移動することをいう。戦闘は、一面から見れば、決勝点に対する彼我戦闘力の集中競争である。フォークランド紛争は、フォークランド諸島への戦力集中競争（戦略的）とポートスタンリーへの戦闘力集中競争（戦術的）の二面性がある。

フォークランド諸島への機動距離は、英本土から一万八千四百キロ、アルゼンチン本土から六百四十キロである。距離的にはアルゼンチンが圧倒的に有利であるが、アルゼンチン軍はこれを生かす創意・工夫がなかった。英海軍は空母を含むオールラウンドな機動部隊（二万八千人、百十隻の艦船）を派遣したが、アルゼンチン海軍は個々の水上艦艇が行動したに過ぎなかった。フォークランド諸島を不沈空母とする構想と準備がなければ、英機動部隊には対抗できない。

陸上戦力の役割は陸地を支配し人を支配することである。領土問題は最終的に陸地を支配しなければ解決しない。陸軍が国土防衛の最後の砦《とりで》といわれるゆえんである。かかる意味において、ポートスタンリーの攻略は、フォークランド紛争に決着をつける最終目標となる。決勝点であるポートスタンリーへの戦闘力集中は、東フォークランド島内における地上部隊の機動にかかっていた。戦闘力の集中は、兵員の数のみではなく、敵にまさる火砲・弾薬の集中が不可欠である。

東フォークランド島全体が泥炭地で、平地部は湖沼・小河川が多く存在し湿地となっている。島内の道路は地盤が軟弱で車両の通行は困難であり、島内交通の主要手段は軽飛行機または小型舟艇である。気候は寒冷多雨で、樹木が育たず、高地は岩石だらけである。英軍は島の兵要地誌は十分承知していた。英軍は島の西端に上陸して橋頭堡を確保したが、ポートスタンリーは島の東海岸に位置している。

地上部隊の機動は、徒歩行軍、ヘリ輸送、キャタピラ付きの車両が主要な手段であった。とくにヘリは不可欠で、兵員のみならず、一〇五ミリ榴弾砲や弾薬の輸送の大半を担った。地上部隊の機動支援に使用されたヘリコプターは四十〜五十機以上で、一〇五ミリ榴弾砲の弾薬の空輸のみでも一万七千五百発におよんだ。ヘリは濃霧・強風などの悪天候や夜間という悪条件を克服して、八面六臂の活躍をした。

戦闘偵察車両（軽戦車）スコーピオンやシミターは、湿地や沼沢地でも機動力を発揮でき、一両平均三百五十マイル（五百六十キロ）走行した。戦闘工兵車両も同様に活躍した。地上部隊はこのように利用可能なあらゆる手段で、ポートスタンリー西方高地へ集結し、最終的には上陸部隊のほぼ全力一万人が決戦に参加した。

6　奇襲の原則（Surprise）

奇襲とは、敵の予期しない時期、場所、方法などで、敵に対応のいとまを与えないように打撃することである。戦場で技術的にあるいは戦法的に奇襲を受けた場合、奇襲された側は対応の手段をまったく持たないというのが現実で、その時点で敗北が決定する。

東フォークランド島における地上戦で、アルゼンチン軍が受けた戦術的な奇襲は、英軍がヘリコプターを多用して迅速な地上機動を行なったことと、全期間を通じて夜間戦闘を多用したことの二点であろう。

英軍機動部隊全体では、二百機以上の各種ヘリコプターが使用された。これらは海上作戦、兵站支援、地上機動支援など広範多岐にわたるが、五月二十五日貨物船「アトランチック・コンベア」がエグゾセ・ミサイルに被弾した際、大型のチヌーク三機をはじめ多くのヘリコプターが海没し、地上作戦に影響が出た。

米軍がベトナム戦争でヘリボーン作戦を多用して注目されたが、フォークランド紛争の地上戦でのヘリコプターの大量使用も同様に画期的であり、それゆえに奇襲効果が大であった。英軍は一万マイル以上の距離を海上輸送し、現地のフォ島で大規模に運用した。（筆者の個人的な感想であるが）一九八二（昭和五十七）年当時の陸上自衛隊では、ヘリは特別な乗物であり、英軍地上部隊のヘリ機動には、正直なところ驚嘆する思いだった。

東フォークランド島における主要な戦闘、すなわちグース・グリーンにおけるアルゼンチン軍一個歩兵連隊（約一千人）との戦闘（五月二十八日）およびポートスタンリーの攻略作戦は、いずれも夜間戦闘だった。

英軍は従来から夜間装備の開発と夜間訓練の実施に熱心であった。フォークランドの地上作戦では、歩兵は暗視ゴーグルを装着して夜間戦闘をおこない、ヘリのパイロットは操縦用暗視ゴーグルを使用して夜間運行し、砲兵の前進観測者も暗視ゴーグルを使用して砲兵の夜間射撃を可能にした。

アルゼンチン軍はおよそ二ヵ月の防御準備の期間があり、防御陣地は相当に固くなっていたはずである。しかしながら、夜間戦闘は想定しておらず、あるいは夜間戦闘訓練もほとんど経験していなかったのではないか。英軍が暗視ゴーグルを使用することにより、両者の夜間戦闘能力は無限対ゼロになった。

　ポートスタンリー攻略のための決戦の第一段階は、第三海兵旅団が六月十一日から十二日にかけて行った夜間攻撃であった。攻撃と同時に東方の目標に対して艦砲射撃を行った。英軍は奇襲に成功して一夜の激戦のあと、ロングドン山、ツーシスターズ山　ハリエット山を攻略した。――（略）――決戦の第二段階は六月十三日から十四日にかけての夜間に行われた。（『国防省報告書』）

アルゼンチン軍の兵士は徴集兵で、アルゼンチン軍は百年間治安戦以外に本格的な戦争を経験したことがなく、実戦で未熟さを露呈した。逆に、英軍はすべて志願兵で、士気も高く、プロの仕事を行なった。

7 簡明の原則（Simplicity）

簡明の原則は〝戦場は錯誤の連続が常態であり、錯誤の少ないほうが勝ちを制する〟という、古来、言いならわされた戦いの本性から発した。現代の戦いは、国際社会の注視下で行なわれ、領域も地球規模に拡大し、政治・外交・軍事・経済などが幾層にもからみ合い、複雑の度が高まるのが常態だ。簡明の原則とは百時簡単かつ明瞭を旨とすべき意である。このためには、明確な目標を確立し、手順や手続きを標準化・斉一化し、組織行動を訓練することが不可欠である。

フォークランド紛争当時の英国は、植民地としてフォークランド諸島、香港、ジブラルタルをかかえており、それぞれ有事における非常時対処計画（Contingency Plan）を作成して、海軍大学で毎年図上演習をおこなっていた。

英海軍大学に留学した経験を持つ海幕の幹部（二等海佐）から話を聞く機会があった。

「クイーン・エリザベスⅡ世号の徴用も、あらかじめ計画されていたんですか？」

「うん、イギリスは三つの『非常時対処計画』を持っており、海軍大学では毎年このうちの一つを、図演《ずえん》（図上演習）で検証しているよ。オレが海大に留学したときは『フォークランド非常時対処計画』だったよ」

「そうしますと、あのフォークランド紛争における英軍の一連の行動はシナリオ通りであった、ということですか？」

「うん、オレが海軍大学で参加した図演とまったく同じ内容だった。アルゼンチン海軍士官も参加していたよ……」（拙著『戦車大隊長』かや書房）

右は、筆者が陸幕《りくばく》で勤務していたとき、英海軍大学に留学した経験を持つ先輩から聞いた話を、小説化した内容の一部だ。戦時内閣の組閣、機動部隊の派遣、フォークランド島周辺二百マイルの航行阻止水域の設定、サンカルロスへの着上陸など英軍の一連の手際よい行動は、平時からの対処計画の整備と訓練のたまものであった。

政府、軍、民間が一体となって非常時対処計画（Contingency Plan）を作成し、軍事行動の中核となる海軍が中心となって、定期的に図上演習（訓練）を行ない、計画の内容も常時リニューアルされていた。事前の備えがなければ、四十五隻もの船を民間から短期間で徴用できるはずもない。

この会戦は、危機の時には民間の資源が国力になるという重大な事実を我々に痛感させた。このことは「一九八三年度防衛見積りに関する声明」（勅令書八五二九）のなかで述べられている。英軍の支援に、運行中の商船を使用する現在のコンティンジェイシィ・プランへの時を移さぬ円滑な移行は、この会戦の大成功の物語であった。（『英国防省報告書』）

危機管理にはスピードが重要だ。このためには、政府が明確な目標を示し、（非常時対処計画を作成して）手順や手続きを標準化・斉一化し、組織行動を訓練（図上演習）しておくことが不可欠である。英政府（サッチャー政権）の一連の行動は、このことが完璧に行なわれていたことを示し、簡明の原則そのものだった。（主題から若干外れるが）尖閣諸島沖中国漁船衝突事件および原発事故に対する政府（民主党政権）のもたつきは、国家としての〝非常時対処計画〟がなく、その結果、関係諸機関の訓練が皆無であることが、直接の原因である。このようなことでは、万が一戦争となった場合わが国はどうなるのか、と深刻な不安に襲われるのは筆者だけではあるまい。

8　警戒の原則（Security）

警戒の原則とは、敵に奇襲されることなく行動の自由を保持しながら、相手の戦意を破砕するという本然の目的に専念するために、重視すべき原則である。フォークランド紛争のような危機管理の場合、政府は、外交および軍事における行動の自由を保持するために、情報保全と広報活動を一体として行なうことが重要だ。

英国政府は戦時内閣を組閣した当初から、外交面、軍事面での状況の推移に関する正確な情報を迅速に提供することを、基本方針とした。このために、首相官邸や各省は、国内外の報道機関や各国武官に対して、定期的にブリーフィングを行なった。海外では、外交使節団が英国の立場を正確かつ完全に地元のマス・メディアに伝えるように広報活動を行なった。

民主主義国家においては、国内外の世論を味方につけ、国民の支持を得ることなしには、軍事作戦を継続することは不可能である。とはいえ、情報の無制限の提供にはリスクが伴い、一定の制限が必要だ。

われわれの（広報活動の）一貫した方針は、国家の安全、作戦の安全および南大西洋の機動部隊の兵士の生命の保護と一体のものでなければならなかった。同時に、兵士の家族の心痛を最小限にすべく努力した。（『英国防省報告書』）

機動部隊の行動を刻々と発表することは、同時にアルゼンチン軍に情報を提供することになり、結果として機動部隊の安全に重大な危険をもたらす。国民や家族が知りたい情報と、作戦の安全との塩梅《あんばい》は難しい問題だが、一定の制限は必要であろう。作戦情報の検閲（報道管制）のあり方は、英国でも大きな論争となった。英国防省報告書に「アルゼンチン側の操作された情報に対抗するため」という表現があるが、アルゼンチン側も国内外に対して広報活動を行なった。

アルゼンチンは軍事政権で、大本営発表で国民の熱狂をあおったが、一時的な効果に過ぎなかった。国民に政府のやり方に疑念を抱かせ、結果として、戦後、アルゼンチンの軍事政権が崩壊し、翌一九八三年に民主制へと移行した。

あとがき

昭和五十三（一九七八）年夏、上田合戦の地を一日歩いた。信州の小大名にすぎない真田昌幸の善戦——上田城をめぐる徳川勢との二度の合戦に勝利——に関心をいだき、なぜあのような戦いができたのか、そのカギを現地で確認したかったからである。

当時の上田周辺は高速道路や新幹線が開通するはるか以前で、地形は人工の手があまり入っておらず、戦国時代の合戦を想像することは容易であった。合戦の地を実際に歩いて見て、真田昌幸が千曲河畔の比高十五メートルの河岸段丘を戦術的に活用したことが確信でき、国土戦を前提とする陸自の戦いもかくありたいと考えた。

フランス革命がナポレオンという怪物（英雄？）を登場させ、徴兵制度による国民軍が戦争の性格を一変させた。ナポレオンの鮮やかな戦術や用兵ぶりのみに目を奪われていたが、堀田善衞著『ゴヤ』を読み、国民軍の実態やゲリラ戦にも関心をいだくようになった。二〇一一年一月、新宿区市ヶ谷駅近くのセルバンティス文化センターで「ゴヤが見た戦争」展を鑑賞する機会があり、銅版画「戦争の惨禍」八十三枚にふれて、ナポレオン戦争の新たな一面を認識することができた。

かつて熊本の地で勤務し、西南の役の古戦場を車で走りまわった。徴兵制度下の鎮台兵や北海道の屯田兵が全国から九州の地に動員され、精強をもって聞こえた旧薩摩藩士との激闘を経て新国軍へと成長してゆく。彼らが戦った熊本城、田原坂、人吉盆地などを訪れると当時の様子が彷彿としてくる。田原坂資料館に展示されていた「行き合い弾」は、小銃火力戦のすさまじさを実感させてくれた。

八甲田山雪中行軍隊の遭難は、新田次郎著『八甲田山死の彷徨』がベストセラーになり、映画『八甲田山』も評判となり、多くの人に知られるようになった。筆者もくり返し読んだが、寒気、猛吹雪により大勢の隊員が死ぬことが実感できなかった。その後北海道の部隊で勤務し、氷点下二十度超の寒気、視界がゼロとなる地吹雪の猛威などを体験し、雪中行軍隊が遭遇した気象状況が理解できるようになった。遭難事件を局地気象（山の神）との戦いという観点から分析した。

昭和二十六年晩秋から少年期を広島市内で過ごした。朝鮮戦争の末期で、B29爆撃機がジュラルミンの機体を光らせ飛行機雲を引いて飛んでいたのを覚えている。進駐軍のジープや米兵の姿が日常的に在った。

戦後六年の広島市内には原爆の焼け跡がいまだ歴然と残っていた。小学校低学年の頃で、当時の社会情勢や国際情勢など分かるはずもないが、朝鮮戦争がかすかな記憶として残っている。

第三次中東戦争におけるイスラエル軍戦車部隊による電撃戦、第四次中東戦争におけるエル・フィルダンの戦闘を驚嘆する思いでながめたことは忘れ難い。自分自身が戦車兵としての道を歩んでおり、戦車戦の実態を学ぶよい機会でもあった。電撃戦は戦車兵の見果てぬ夢であり、エル・フィルダンの戦闘には現代戦（コンバインド・アームズの戦い）の実相を否応なく認識させられた。

フォークランド紛争は、陸幕調査部の地域担当幕僚として直接タッチし、三ヵ月間フォ紛争と四つに組んで大いに勉強した。英国・アルゼンチン両国の情報資料をつきあわせ、戦況の推移を予測し、上司に報告し、ときには記者クラブのブリーフィングに引っ張り出された。

マスコミ対応の不手際など個人的な失敗もあったが、政府の危機管理、軍事力、陸上戦力の意義などを真剣に考えるよい機会であった。

駆逐艦「雪風」には個人的な思いがある。

筆者の防大入校の動機は軍艦に乗りたいということであった。現実は念願の海上要員に進めず、陸上要員に回された（と今も思っている）。久留米の陸自幹候校で職種を選択するとき、軍艦や戦闘機の運用に似た機甲科職種すなわち戦車を選んだ。海への関心はその後も薄れることなく、戦車部隊指揮官として、自分の部隊も「雪風」のごとく好運を引き寄せる部隊でありたいと念じた。

本書執筆の動機は「はしがき」に書いた通りである。基本的な態度として、直接または間接的に自分が肌で感じ、実感し、同意できることを率直に記述したつもりである。机上の観念論でなく、腹の底から納得した――腑に落ちた――ことを自分の言葉で語ったつもりである。

個々には牽強付会《けんきょうふかい》といえる解釈があるかもしれない。読者諸兄姉の忌憚《きたん》のないご意見をたまわれば、筆者としては大変うれしい。

わが国の今日の危機は、第三の敗戦にたとえられるように、国の根幹がゆさぶられている。再生、創造のヒントは原点・源流にある。「戦いの原則」は記録された長い人類の歴史からつむがれたエキスであり、先人が私たちに遺してくれた英知であり、尽きることのない発想の源泉である。人類の文化遺産ともいうべき「戦いの原則」に、一人でも多くの読者に注目していただけると、筆者としては望外の喜びである。
最後に、このような形で本書を出版していただいた光人社／潮書房の関係者各位には心から感謝申し上げる。

木元寛明

ＮＦ文庫書き下ろし作品

NF文庫

陸自教範『野外令』が教える戦場の方程式
改訂版
二〇二三年十月二十三日　第一刷発行
著　者　木元寛明
発行者　赤堀正卓
発行所　株式会社　潮書房光人新社
〒100-8077　東京都千代田区大手町一-七-二
電話／〇三-六二八一-九八九一代
印刷・製本　中央精版印刷株式会社
定価はカバーに表示してあります
乱丁・落丁のものはお取りかえ致します。本文は中性紙を使用
ISBN978-4-7698-3332-1　C0195
http://www.kojinsha.co.jp

NF文庫

刊行のことば

第二次世界大戦の戦火が熄《や》んで五〇年——その間、小社は夥しい数の戦争の記録を渉猟し、発掘し、常に公正なる立場を貫いて書誌とし、大方の絶讃を博して今日に及ぶが、その源は、散華された世代への熱き思い入れであり、同時に、その記録を誌して平和の礎とし、後世に伝えんとするにある。

小社の出版物は、戦記、伝記、文学、エッセイ、写真集、その他、すでに一、〇〇〇点を越え、加えて戦後五〇年になんなんとするを契機として、「光人社NF（ノンフィクション）文庫」を創刊して、読者諸賢の熱烈要望におこたえする次第である。人生のバイブルとして、心弱きときの活性の糧《かて》として、散華の世代からの感動の肉声に、あなたもぜひ、耳を傾けて下さい。

＊潮書房光人新社が贈る勇気と感動を伝える人生のバイブル＊

NF文庫

満鉄と満洲事変
岡田和裕

部隊・兵器・弾薬の輸送、情報収集、通信・連絡、医療、食糧などの輸送から、内外の宣撫活動、慰問に至るまで、満鉄の真実。

新装解説版 決戦機 疾風 航空技術の戦い
碇 義朗

日本陸軍の二千馬力戦闘機・疾風——その誕生までの設計陣の足跡、誉発動機の開発秘話、戦場での奮戦を描く。解説／野原茂。

新装版 憲兵
大谷敬二郎

元・東部憲兵隊司令官の自伝的回想

権力悪の象徴として定着した憲兵の、本来の軍事警察の任務の在り方を、著者みずからの実体験にもとづいて描いた陸軍昭和史。

戦術における成功作戦の研究
三野正洋

潜水艦の群狼戦術、ベトナム戦争の地下トンネル、ステルス戦闘機の登場……さまざまな戦場で味方を勝利に導いた戦術・兵器。

太平洋戦争捕虜第一号
菅原 完

海軍少尉酒巻和男 真珠湾からの帰還

「軍神」になれなかった男。真珠湾攻撃で未帰還となった五隻の特殊潜航艇のうちただ一人生き残り捕虜となった士官の四年間。

新装解説版 秘めたる空戦
松本良男
幾瀬勝彬

三式戦「飛燕」の死闘

陸軍の名戦闘機「飛燕」を駆って南方の日米航空消耗戦を生き抜いたパイロットの奮戦。苛烈な空中戦をつづる。解説／野原茂。